生物と無生物のあいだ

生物與非生物之間

所謂生命，究竟是什麼？

一位生物科學家對生命之美的15個追問與思索

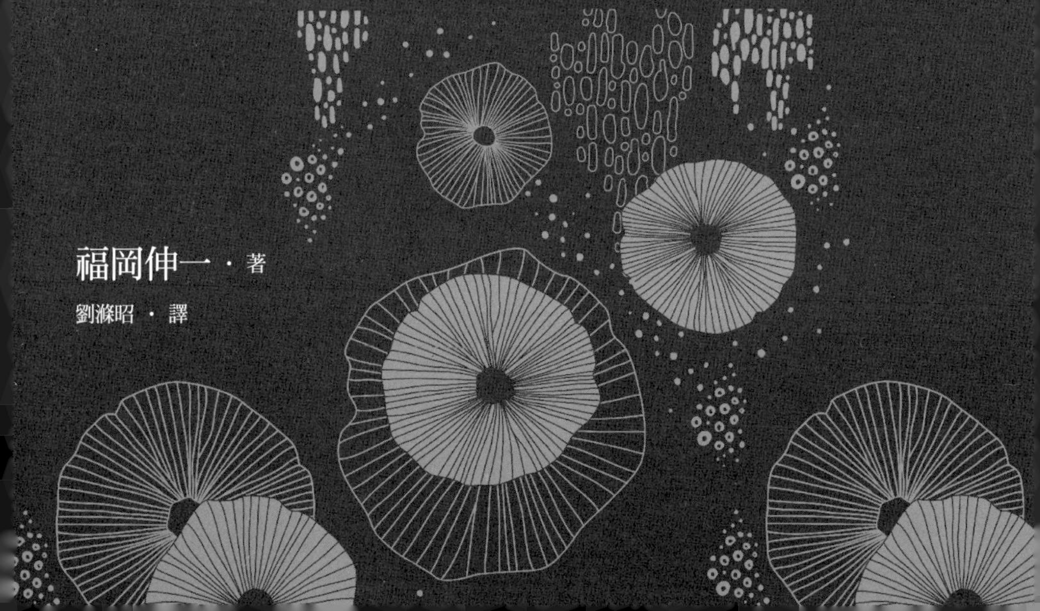

福岡伸一・著

劉滌昭・譯

目次
contents

推薦序
生命中美好的動態平衡——黃貞祥……004

前言／所謂生命，究竟是什麼？……007

1 紐約大道與六十六街……013
2 無名英雄……029
3 四個字母……047
4 查加夫拼圖……063
5 衝浪愛好者獲得諾貝爾獎……083
6 DNA的黑暗面……099

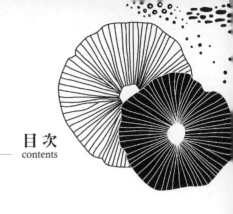

7 機會是留給準備好的人……115
8 原子產生秩序之時……133
9 什麼是動態平衡……151
10 蛋白質的輕吻……167
11 內部的內部就是外部……185
12 細胞膜的動態……201
13 賦予膜形狀的物質……219
14 數量、時序、剔除……235
15 時間是解不開的折紙……251
後記／除了跪在自然的潮流之前，什麼都不該做……268

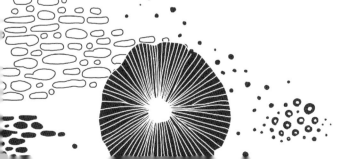

推薦序

生命中美好的動態平衡

清華大學生命科學系助理教授　黃貞祥

生命現象究竟是怎麼一回事呢？

在《生物與非生物之間》裡，日本青山學院大學教授福岡伸一，用半自傳的方式同時勾勒出分子生物學研究和生命的分子現象，對生命科學的門外漢來說，可以吸收一些分子生物學的知識；對有心想要就讀生命科學（尤其是分子生物學）方面的高中生，可以稍微看看是否真的對分子生物學感興趣；對想要唸研究所的學生，可以稍微看看生命科學研究是怎麼一回事。

福岡伸一舉了「動態的平衡狀態」為例，指出「我們吃進身體的分子，會在瞬間散布至全身，之後短暫停留在某處，接著又在一瞬間離開我們的身體。換言之，我們生命體的身體並非如塑膠模型般，由靜態的零件組成的分子機械，而是成立於零件本身的動態之中。」他認為根據「動態平衡」論，能夠讓我們思考如何區分生物與非生物，以及我們生命觀的演變。從這個「動態平衡」中，也再次驗證了「諸行無常」，所有生命不過都是因緣暫時俱足聚合而生的。

在《生物與非生物之間》後半部，福岡伸一介紹了他那幾年艱辛的博士後研究員生涯，指出他在美國過的像是奴隸般的生活，還要面對競爭者的壓力。其實生命科學研究，尤其是競爭激烈的分子生物學和生物醫學，都很難避免要面對艱辛的研究環境，而像我們這樣還選擇投身而入的，無非只是為了尋求有重大發現時的感動，還有期待為人類作出實際的貢獻。

近幾十年來醫學上的許多重大突破，像是新藥的研發、新診斷或治療方法的發明和疾病成因的瞭解，都是建立在許許多多在實驗室沒日沒夜辛勤工作的基礎科學研究人員的貢獻上。生命科學家艱苦辛勞地在作出很大的付出和貢獻時，還要忍受社會大眾、政界和其他學界對我們的誤解，以為在做基礎研究無法對人類作出實際的貢獻。

可是實際舉例來說，今天對癌症的瞭解，絕大部分知識都是建立在研究大腸桿菌、酵母菌、果蠅、線蟲等不起眼小生物上乍看之下無聊的性狀的。如果沒人去研究果蠅遺傳和突變，還有酵母菌的細胞週期，以及線蟲的細胞自戕，可能就無法瞭解許多訊號傳遞的路徑和分子，就不能瞭解癌症的致病原因，也就不可能研發出所謂的標靶藥物。

《生物與非生物之間》之中提到的，也只是我們對生命現象極為膚淺的理解而已。而且《生物與非生物之間》也僅提到生命科學的一部分而已，因為生命科學還有同樣非常有趣的生態學、族群生物學和演化生物學，是從更寬廣的角度來探討生命和生命之間，還有生命與環境之間的精彩互動。對這些互動的探討，是瞭解我們之所以擁有書中提到的分子和分子機制所不可或缺的！

前言

所謂生命，究竟是什麼？

我目前住在東京近郊的多摩川附近，經常在河邊散步。微風拂過河面吹來，令人心曠神怡。我避開陽光的反射，凝視水中。我知道水裡棲息著各種生命，突出水面的三角形小石塊上可以看到烏龜的鼻子；順著水流游動，是像細線般的幼苗魚群；或是黏在水草上，看起來像沙粒的蜻蜓幼蟲……。

我突然想起剛進大學時，生物學老師問大家的問題：人可以在瞬間分辨出生物與非生物，但你是如何認定生物的？大家能為生命下定義嗎？

我一直期待著答案，但直到整個課程結束，都沒有明確的答案出現。課堂上僅列出由細胞組成、有ＤＮＡ、藉呼吸製造能量等幾個生命特徵後，隨著暑假到來，課程也告一段落。

在為某一事物下定義時，列舉出屬性來敘述是比較容易的做法，但是，要清楚認識定義的對象，絕不是件簡單的事。進入大學後我首先發現到的就是這一點。從那時候起，我就一直在思考何謂生命這個問題，但直到今天，還沒有得到一個明確、能令我滿意的答案。現在的我，對於過去二十多年來的問題，或許能用一種比較具體的方法來探索了。

生命到底是什麼？「生命就是進行自我複製的系統」，這是二十世紀生命科學所得到的一個解答。一九五三年，科學專門雜誌《自然》上刊登了一篇僅千字左右（一頁多）的論文，論文中提出由兩條方向相反的螺旋組成的ＤＮＡ模型。生命的神秘就在這個雙重螺旋結構。因為它美麗的結構，許多人在看到這個劃時代模型的同時，就立即相信它的正確性。但更重要的是，這個結構還明確顯示出它的機能，兩位共同執筆這篇論文的年輕科學家華生和克里克在文章最後說：「這個雙螺旋結構讓人立即聯想到自我複製機制，這一點我們並沒有忽略。」

ＤＮＡ的雙重螺旋呈相互複製的對稱結構。雙重螺旋解開後，就像軟片的正片與負片的關係。根據正片製造出新的負片，原來的負片則製造出新的正片，於是產生兩組新的DNA雙重螺旋。寫入正或負片的螺旋狀軟片中的暗號，就是基因資訊。這是生命的「自我複製」系統，新的生命誕生時，或是細胞分裂時，成為資訊傳達機制的根幹。

DNA結構的發現，揭開了分子生物學時代的序幕。接著又陸續了解DNA上的暗號，就是細胞內微小物質的轉殖資訊，以及這些暗號是如何被讀取的。進入一九八〇年代後，更能夠藉由類似極為精密的外科手術將DNA切開或連接，以轉錄資訊，換言之，基因操作技術的誕生，達到了分子生物學的黃金時期，讓我這個從小就著迷在草原上追逐昆蟲、在水邊捕魚，法布爾（Jean-Henri Fabre，法國博物學家、昆蟲學家、科普作家）和今西錦司（日本生態學家、人類學家）等自然主義者的崇拜者，也無法抗拒這股時代的熱潮。不管我願不願意，不，我甚至主動進入微小的分子世界。因為那裡有著生命的關鍵。

就分子生物學的生命觀，所謂生命體，是由無數微小零件組成的精密模型，說它是分子機械也不為過，也就是笛卡兒所主張的機械性的生命觀。如果生命體是分子機械，那麼就可能利用精巧的操作來改變生命體，進行「改良」。即使還無法立即進展到這種程度，或許也可以讓分子機械的某個零件停止運作，來觀察生命體會發生什麼異常，以推測該零件的功能。也就是說，可以由分子的層次來解析生命的秘密。基因改造動物，例如「基因剔除鼠」，就是基於這樣的想法製造出來的。

我過去對胰臟的某個零件頗感興趣。胰臟是製造消化酶、分泌胰島素來控制血糖值的重要器官。由該零件的存在部位和存在量來思考，它一定與細胞工程有關。於是我使用基因操作技術，將它從ＤＮＡ中抽取出來，製造出缺少了這個零件的老鼠。這就是「剔除」了某一零件的老鼠。調查老鼠在生長過程中發生什麼變化，就可以了解這個零件的功能。或許老鼠無法製造充分的消化酶而導致營養失調，或是因為胰島素的分泌異常而引發糖尿病。

投下很長的時間和大筆研究經費，我們終於製造出這種老鼠的受精卵。

將受精卵置入孕母的子宮，然後等待小老鼠的誕生。母老鼠順利生產，我們屏息觀察幼鼠到底會出現什麼變化。幼鼠慢慢長大為成鼠，但並未出現任何異狀。沒有營養失調，也沒有糖尿病。我們檢查牠的血液，拍攝顯微照片，進行各種精密檢查，結果毫無異常和變化，令我們感到非常困惑。這到底是怎麼回事？

事實上，全世界與我們同樣抱著期待，製造出剔除了各種零件的老鼠，結果與我們同樣困惑和失望的例子不在少數。如果與預測不同，並未發生特別的變化，就無法發表研究成果，也不能寫成論文。相信類似情形應該很多吧。

我最初也很失望，直到現在仍有一半失望的感覺。但我漸漸意識到，這不就是生命的本質嗎？

利用基因剔除技術，即使完全剔除某一種零件或某一片斷基因，生物仍可用某種方法彌補缺陷，發揮補償作用，使整體不至於出現任何功能失調。生命具有一種重要的特性，不像零件組成的模型般，能以類比推論的方式來說明，它似乎存在著其他的動態（dynamism）。我們觀察世界，能夠分辨生物與非生物，或許就是感受到生物的動態。那麼，這種「動態」到底是什麼呢？

我想起了一位猶太科學家舍恩海默（Rudolph Schoenheimer）。他在DNA的結構發現之前就已經去世了，他是首先提出生命為「動態的平衡狀態」的科學家，證明了我們吃進身體的分子，會在瞬間散布至全身，之後短暫停留在某處，接著又在一瞬間離開我們的身體。換言之，生命體的身體並非如塑膠模型般，是由靜態零件所組成的分子機械，而是成立於零件本身的動態之中。

前幾年，我針對舍恩海默的發現，將我們不斷進食的意義和生命的形態，與狂牛症問題對照進行探討，寫了《能安心吃牛肉了嗎？》（もう牛を食べても安心か，二〇〇四年）一書。在這本書中，我則根據「動態平衡」論，思考如何區分生物與非生物，以及我們生命觀的演變。這也是我朝大學第一學期被問到的問題「生命是什麼？」所邁出的堅實一步。

1

紐約大道
與六十六街

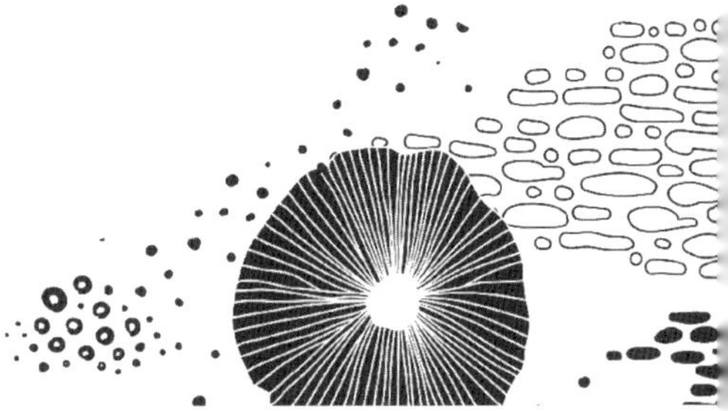

曼哈頓的一角

摩天大樓林立的曼哈頓，是紐約的一區，也是一座島。哈德遜河流經它的西邊，東邊則為東河。

曼哈頓呈南北走向的細長形，是個人口極度密集的島，搭乘環線觀光遊輪正是從外在實際認識曼哈頓的最佳交通工具。觀光遊輪從哈德遜河岸出發，向南航行可眺望自由女神像，繞過曾經矗立著世界貿易中心大樓的曼哈頓南端，然後沿東河向北行。

經過華爾街的大廈群、紐約馬拉松賽行經的布魯克林大橋，不久之後相繼進入眼簾的是聯合國總部大樓、克萊斯勒大廈、像是用白色羊羹切割成的花旗銀行總部大樓、高聳的帝國大廈等著名景觀。航行中還會與運送砂石或垃圾的運輸船擦身而過。

看完了聳入天際的大樓群，接著是沿河而建、沒什麼特色的住宅群。正當觀光客已感到些許厭倦，觀光遊輪來到了雜亂的曼哈頓北端。工廠、排水管、零亂的電線、塗鴨等，這一帶可說是哈林區的後院。

東河原是哈德遜河的分洪道，兩條河川在曼哈頓島北端交會。觀光遊輪在這裡由東河重新回到哈德遜河。哈德遜河的河口像海面般非常寬廣，視野瞬間開闊，河面上的風也轉強。順著輕快的水流，船很快回到出發點。

環線遊輪是極受觀光客歡迎的遊覽方式，但下面要從大多數人不太會注意到的地方談起。現在，請先回到與運送砂石的平底船擦身而過的地方，對，就是在看完摩天大樓群、感到有些疲倦時，一座巨大吊橋映入眼簾的地點。這座橋名為皇后區大橋，跨越東河，連結曼哈頓區和東鄰的皇后區，沿著橋還設有將人們載往河中小島的纜車。曼哈頓的街道由南向北數字逐漸增加，這座橋就架設在五十九街上，美國著名的二重唱組合賽門與葛芬柯（Simon and Garfunkel）就曾以這座橋為主題，唱出膾炙人口的歌曲。

通過皇后區大橋後，沿著河是一片紅磚外牆圍起來的老舊低層建築。觀光遊輪上的乘客幾乎都不會注意到。當然，建築物上也沒有任何能顯示它是什麼設施的標示。

但是，日本細菌學家野口英世曾經在這群建築的走廊上快步奔跑，美國遺傳學之父艾佛瑞（Oswald Avery）也曾像影子般在這裡輕聲走過，科學家舍恩海默應該也曾造訪此地。我並非想與這些偉人媲美，其實我也有一段時間屬於這裡。

洛克斐勒大學圖書館的半身銅像

很少人知道紐約的洛克斐勒大學。它不同於地處曼哈頓中心，每年冬天點亮巨大的聖誕樹、設有滑冰場的知名洛克斐勒中心。

它座落在越過皇后區大橋的東河邊，紐約大道與六十六街交會處。紐約大道是曼哈頓南北走向主要街道中最東側的一條，不但觀光客很少來到這裡，大概連當地的紐約客也以為這塊被樹木圍繞的地方是公園而匆匆經過。當你靠近紐約大道與六十六街路口處的小門，看了門上的小牌子，才知道它是一所大學。

Rockefeller University — pro bono humani generis —
（洛克斐勒大學—為全人類的福祉—）

這所大學是二十世紀初期，洛克斐勒財團為了振興美國的醫學研究而設立，當初稱為洛克斐勒醫學研究所。今天，中央大樓和幾棟建築仍維持著設立之初的厚重感，並保留了直立式螺旋狀階梯和天花板的特殊設計。世界各地的人才聚集於此，在基礎醫學和生物學等特定領域不斷有新發現，對於將這些領域的研究中心由歐洲轉移至美國，貢獻極鉅，並培育出多位諾貝爾獎得主。

我是在八〇年代末期來到這裡。初夏涼爽的風吹過曼哈頓的大樓之間，路樹輕輕搖擺。我工作的地點位於校園內最古老的建築，醫院大樓五樓的分子細胞生物學研究室。透過研究室的小窗口，可以望見東河，每天有數班載滿觀光客的環線遊輪經過這裡。但現在的我不是從河上觀賞街景，而是從研究室裡眺望他們，單是這樣，我心裡就能確實感受到自己屬於這個城市。

為了因應紐約的酷寒，分散在校園內的建築有複雜的地下通道相連接。做實驗的空檔，我經常穿過地下通道，到二十四小時開放的圖書館，坐在舒適的青苔色椅子上深深呼吸。安靜的圖書館使用者不多，對於單獨離開日本來到這裡的我而言，是能夠讓我心情平靜的地方，也是能一個人沉浸在感傷中的場所。

圖書館二樓的一角放置了一座泛黑的半身銅像，剛開始的一段時間，我並沒有注意到它的存在，也不知道銅像是誰。有一天，我像往常一樣來到圖書館翻閱新雜誌時，突然目光一閃，看到銅像前的金屬板，上面刻著Hideyo Noguchi。原來野口英世以前也在這裡待過。他是克服了貧窮和幼年傷殘的雙重考驗，隻身來到美國，後來功成名就的醫學家。他最後在非洲進行研究時意外死亡，是日本家喻戶曉的偉人。

但是洛克斐勒大學對野口英世的評價與日本差異極大。我問了幾位洛克克斐勒大學的同事，沒有人知道圖書館內的銅像是什麼人。

評價兩極的野口英世

我的手邊有一本二〇〇四年六月發行的洛克斐勒大學定期刊物。裡面刊載了一篇有關野口英世、語氣相當奇妙的報導。

文章帶著揶揄的口吻說，面向六十六街的洛克斐勒大學警衛室，最近接到不少日本觀光客的請託，希望看一看圖書館二樓的野口英世銅像。有一天，甚至在旅行社的安排下來了三輛大型遊覽車，胸前掛著相機的日本人輪流在銅像前拍照，圖書館的管理員很有耐性的陪著他們直到拍攝完畢。

這篇報導揭露了此現象的背景——這年秋天，日本更改紙鈔設計，新的千圓紙鈔使用了國民英雄野口英世的肖像。文章介紹完野口英世在日本人心目中的地位後，又加上了辛辣的一筆，顯示美國對他的評價與日本截然不同。

二十世紀初洛克斐勒大學草創時期，野口英世在此度過二十三個年頭，但到了今天，校園內幾乎沒有人記得他的名字。他的成就，亦即梅毒、小兒痲痺、狂犬病或黃熱病的研究成果，在當時曾備受讚賞，但是很多結果都充滿了矛盾與混亂，有些研究後來更被發現是錯誤的。有人認為稱他為酒鬼或花花公子更為恰當。在洛克斐勒大學的歷史上，他並非主要章節，只是個註腳而已。

首先，我對原本寧靜的聖域圖書館被日本觀光客的喧囂破壞而感到悲哀。同時，我也想到了野口試圖發現、卻未能如願的東西。

對洛克斐勒醫學研究所的創設有很大貢獻的醫學家弗萊克斯納（Simon Flexner），成功分離出志賀氏桿菌，被稱為美國近代基礎醫學之父。弗萊克斯納於一八九九年訪問日本時，遇見了這位充滿野心的年輕日本人野口英世，並以一種社交辭令的方式鼓勵野口，表示願意給予他最大的協助。

弗萊克斯納回到美國後不久，有一天野口突然來訪。弗萊克斯納雖然驚訝，還是給了野口實驗助手的工作。野口在弗萊克斯納的庇護之下，陸續有多項了不起的發現。他培養出梅毒、小兒麻痺、狂犬病、沙眼、黃熱病等的病原體，發表了大約二百篇令當時人們驚嘆的論文，被認為是繼法國細菌學之父巴斯德和德國細菌學家柯霍之後的超級之星，並一度傳言他可能獲得諾貝爾獎。在此同時，他提高了洛克斐勒醫學研究所的知名度，也是不可否認的事實。

一九二八年，野口在西非感染了他自己的實驗對象黃熱病而客死他鄉，整個洛克斐勒醫學研究所為他服喪，他的葬禮也由弗萊克斯納主持。雕刻家柯南科夫（Sergei Timofeyevich Konenkov）為他製作的銅像完成之後，就安置在圖書館中。

巴斯德和柯霍的成果都通過了時間的考驗，野口則不然。他宣稱所發現的各種病原體，現在都被認為是錯誤的。他的論文被堆在昏暗圖書館的某個角落，成為歷史的殘渣，與布滿塵埃的銅像一起被人遺忘。

野口的錯誤是單純的失誤，還是故意捏造研究資料，抑或是找不到正確的結果而自我欺瞞，現在已無法可考，但他非常感激恩師弗萊克斯納的知遇之恩，為了不辜負恩師，以及想報復不重視自己的日本，他卯足了全力。在此意義上，他可說自始至終都是個典型的日本人。

野口去世後五十年，他的研究成果才被重新評價，而且是經由美國科學家之手。根據普雷塞特（Isabel Rosanoff Plesset）所著的《野口英世與他的贊助者》（*Noguchi and His Patrons*）一書。書中提到，他的研究在今天看來幾乎都沒有意義，但當時沒有人察覺，完全是因為他的背後存在著一位權威——弗萊克斯納，因而阻擋了眾人的檢驗和批判。

日本則有描述野口生平的傳記小說《遙遠的落日》（渡邊淳一著，一九七九年）。書中敘述野口有過多次婚姻詐欺，一次又一次欺騙未婚妻和他的支持者，顯示他生活上的不檢點。但是這種評價在日本並沒有帶來太大影響，至今野口仍被推崇為半神話性的偉人，甚至將他的肖像印在紙鈔上，令人有種奇妙的感覺。洛克斐勒大學的刊物會用諷刺性的口吻介紹野口，也就不足為奇了。

想看卻沒看見的東西

不過，說句公平的話，其實野口試圖發現的，是當時還看不到的東西。狂犬病和黃熱病的病原體在當時還是無人知道的病毒。但野口對日本的憎恨，以及遠走美國的野心，在他的內心並沒有匯集成清晰的焦點，加上病毒過於微小，在他使用的顯微鏡視野中也並未顯現出實際影像。

傳染病一定有致病的病原體。它會人傳給人，有時甚至由動物傳給人，成為疾病的傳染媒介。我們要如何確認這種病原體的存在呢？

假設你是個研究者，密封的試管中裝著從罹患某種疾病的患者身上採得的體液，其中即可能隱藏著病原體，你首先必須採取周全的防護措施，以防止自己被感染。為了避免與樣本直接接觸，兩手都得戴上薄的橡膠手套；為防止飛沫飛散，需戴上口罩和護目鏡，並穿上白袍。所有的器具都是拋棄式的，在丟棄之前先集中以攝氏一二〇度的高溫持續大約一個小時的殺菌處理，當然旁邊得先準備好厚的廢棄物垃圾袋。

病原體非常小，肉眼當然無法看見。人類肉眼所能看到的最小粒子，大小僅約直徑〇．二毫米（等於二〇〇微米），當然這是指眼力非常好的人，一般人很難明確識別一毫米以下的東西。這是人類眼睛解像力的問題，是沒有辦法的事。引起疾病的病原微生物，亦即所謂的細菌，通常呈球狀，直徑僅一微米左右。假設人類能夠勉強識別的芥子粒為橄欖球，那麼細菌就相當於銀丹口味兒（直徑約二毫米的口含清涼劑）。要看到它們，只有使用顯微鏡。光學顯微鏡的原型早在一八〇〇年代開發出來，到了一九〇〇年代初期野口的時代，已經有相當高性能的產品。

為了避免樣本掉落或滲出，你在托盤上小心的打開試管，使用吸注器慎重的將極少量體液移至載玻片上，再將試管封閉。載玻片上用蓋玻片蓋住，使樣本延展擴大，然後放在顯微鏡的載物台上，屏息透過鏡頭來觀察。緩緩轉動調節輪來對焦，於是原本模糊的視野逐漸成為清晰的影像。

這是什麼?!你頓時背脊發涼。顯微鏡的整個視窗內，米粒大小的東西一起蠕動著。就是它！一定是罕見疾病的病原體！我終於發現了病原體，得立即準備公開發表……。

確定病原體的步驟

為了避免你的偉大發現僅在科學史上曇花一現或成為歷史的渣滓，需要非常嚴謹的邏輯，其重要性絕不下於防止感染的措施。

你現在拿起另一根試管，裡面裝著採自健康者的體液。性別、年齡和其他條件都盡可能與患者相似，體液的採集方法和時間也相同。用顯微鏡確認時，吸注器和載玻片等實驗器具全部換新。為了慎重起見，手套、口罩、護目鏡等也更換，以避免「交叉汙染」，換言之，必須防止其他微量的樣本在不知不覺中混入。如此謹慎的檢查取自健康者的體液，即為患者的對照樣本。

如果健康者的樣本中同樣有細微米粒般的物質在蠕動，那麼實驗即告一段落。你所看見的米粒般的微生物，是同時存在於患者和健康者的「常在性」微生物，與疾病的發生沒有任何關係。此時，你恢復平常的態度，研究也回到起點。

假設來自健康者的對照樣本，不論如何檢查都看不到任何米粒般的物質在蠕動，那麼就通過了第一關，首次確認病態與健康之間的「差異」。

不過，還不能高興得太早。要證明一件事需要更多的樣本，必須盡可能多收集罹患這種疾病患者的體液，同時，也得收集更多健康者的對照樣本。而且，病人的體液中「務必」都有米粒般的微生物在蠕動，健康者的體液則沒有。

那麼，到底需要多少樣本呢？如果是非常罕見的疾病，有十個樣本就可做初步確認。但若是患者爆炸性擴散的流行疾病，就需要更多病例了。

上面說要證明「患者體內必然存在特殊的微生物」，但若有人雖然出現疾病特徵，可是體液樣本中卻未發現該有的微生物怎麼辦？或許你會被偷偷隱瞞此資料的意圖所誘惑，因為這樣可以提高你研究的說服力。

但這畢竟是造假的行為。如果你是認真的研究者，能夠自我約束，就不可將此案例排除在外。研究資料必定含有例外和偏差，有很多是單純的失誤或錯誤（例如體液採樣有誤、保存條件不完善、樣本製作時發生錯誤、顯微鏡觀察時操作不當等），也可能是具有其他生物學意義的現象。

「例外」有時也會帶來新發現。例如病原體暫時在患者的體液中消失，隱藏在某個特別的部位，或是發現有症狀非常類似的其他疾病存在，甚至可能是健康者的體液中也確認了此微生物的存在。雖然解釋起來或許非常麻煩，但既然是觀察到的事實就必須接受。因為，即使有微生物存在，或許人體也有防止發病之道。

經過這些程序，患者的體液中十之八九可以確認微生物存在的話，研究者大概就會認為已通過了確認病原體的第二步驟。有時，只要接受調查的患者中有一半檢查出該種微生物，就可以確認關連性。因為病原微生物的存在是動態的，體液中未必檢查得出一定量以上的微生物。

但事實上，還有更大的陷阱在等待著你。

2

無名英雄

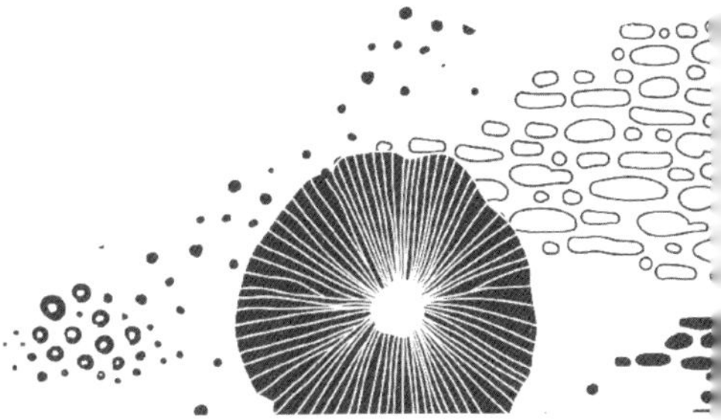

要如何證實嫌疑犯X為真凶?

要證明某種病原體為致病原因，需要具備哪些條件？首先，必須在患者的病灶或體液中發現「它」。

那麼，在顯微鏡下觀察患者的檢體，發現有米粒般的微生物在蠕動，相對的，健康者的檢體則未發現相同狀況，此時就可以認為這種微生物是引發疾病的原因嗎？不然。

就像嫌疑人被目擊確實出現在每一個犯罪現場，卻沒有他直接下手的證據。換言之，即使病灶中都檢查到某種微生物，光是這樣，證據並不夠充分。微生物的存在與疾病的發生，只能說是有關聯性而已。要使關聯性轉變為因果關係，還必須經過下一個步驟。野口英世落入的陷阱就在這裡。

因為某種微生物的「原因」，導致發生特定疾病的「結果」。要證明它們的關連性，需要哪些條件呢？觀察是自然科學最重要的手段，但有的時候不論如何觀察都難有進展。即使透過觀察可以發現關聯性，也無法證明因果關係。

此時，必須透過進行「介入」實驗才能證實。顧名思義，介入實驗就是人為製造出原因，然後試驗是否會出現預期的結果。例如用細的吸注器吸取在顯微鏡下蠕動的微生物，接種至健康的實驗動物身上，然後確認是否會發生疾病。

相信野口英世也反覆進行了這種介入實驗。某個例子中，他用顯微鏡觀察取自病灶的樣本，確認了特殊微生物的存在後，將這種微生物接種在健康的動物身上，以人為方式成功引發疾病。這樣就是病原體存在的證明嗎？但很遺憾的，答案是否定的。因為野口想要發現的，是他看不到，也無法捕捉到的東西。

上面提到介入實驗的方法——「用細的吸注器吸取在顯微鏡下蠕動的微生物」，重點在這裡。吸注器吸取的液體中確實有微生物存在，將此液體注射至其他動物身上也會引發同樣的疾病。顯微鏡下，可以看到在清澈、透明的液體中蠕動的微生物，看不到其他任何東西。但我們並不知道取自病灶的液體中，除了微生物之外是否真的沒有其他東西存在。

人類的眼睛往往會被肉眼能見之物所束縛，想像力到達不了清澈而透明的背景上。現在視野所見的微生物並非引發疾病的真凶，或許只是偶然寄生在病弱身體內的「伺機性病原體」；而現在看起來什麼都沒有的清澈、透明的背景中，也可能隱藏著顯微鏡下看不到的某種極小的物質。

病毒的發現

有一種名為菸草鑲嵌病的奇怪疾病，會讓菸葉上出現馬賽克狀斑點，使菸農蒙受損失。

將生病的菸葉磨碎，塗在健康的葉子上，不久之後也出現相同的疾病。也就是說，這種疾病會傳染。既然疾病會傳染，就應該有某種病原體存在才對。但不論是生病的葉子，還是將葉子磨碎，在顯微鏡下都沒有發現特別的微生物。

一八九〇年代，俄羅斯的研究者伊凡諾夫斯基（Dmitri Iosifovich

Ivanovsky）試圖調查病原體的大小。他使用類似花盆材質的素陶板，陶板上有無數微小的孔，將水倒在陶板上，水會滲入小孔，然後從另一面滲出。假設水中存在著微生物，例如大腸菌或志賀氏桿菌之類的單細胞微生物，最小的直徑約在一至數微米左右，陶板的孔則遠小於它們，只有它們的五分之一至十分之一，而且小孔在陶板內部縱橫交錯，單細胞生物是不可能通過的。

因此，陶板能「過濾」含有微生物的水。即使是衛生狀態惡劣，含有大量病原體，喝了之後會立即腹瀉的水，通過陶板後也能淨化。這是由經驗得知的事實。現在為了改善開發中國家的衛生而提供給各國的過濾瓶，也是應用相同原理，但不是使用陶板，而是在過濾瓶裡裝設以高分子材料製成、有網眼的薄型過濾器。過濾器網眼的孔隙尺寸約為〇．二微米。

伊凡諾夫斯基嘗試使用陶板，來過濾從患菸草鑲嵌病的病葉中抽出的液體。陶板反面滲出的液體中，應該沒有病原體存在才對，因此將滲出的液體塗在健康的菸葉上，應該也不會生病。但是實驗結果出乎他的意料，陶板的滲出液體仍然有引起菸草鑲嵌病的能力。換言之，有微生物能夠通過陶板！它的大小應在單細胞生物的十分之一以下，光學顯微鏡的解像度當然無法捕捉到。在當時，誰也沒有想到有如此微小的病原體存在。伊凡諾夫斯基也難以立即相信實驗的結果。

實驗結果與自己的預測不同時，科學家常會認為是實驗過程出現問題，因此未能順利得到結果。當然伊凡諾夫斯基最初也認為可能是使用的陶板品質不良，出現裂痕或較大的孔，才使病原體得以滲透而出。

如果有這種合理的懷疑，科學家應進行對照實驗。使用相同的陶板和已知大小的微生物，例如直徑一微米的大腸桿菌，調查微生物是否能通過陶板。即使只有少數大腸桿菌通過陶板，即可證明陶板有裂縫。如果沒有大腸桿菌通過陶板，那麼引發菸草鑲嵌病的病原體就是某種遠比大腸桿菌小的微生物。伊凡諾夫基斯並不認為那是新的病原體，而認為可能是一種較小的細菌。

不久之後，荷蘭的微生物學家貝傑林克（Martinus Willem Beijerinck）

重新詳細檢視菸草鑲嵌病的研究，首次主張這種濾過性病原體是具有感染性的，這就是病毒的發現。最初的「發現者」伊凡諾夫斯基當然沒有沉默，立即主張他的「優先權」，因此菸草鑲嵌病毒的最初發現者即成為伊凡諾夫斯基。

病毒是生物嗎？

病毒遠比單細胞生物小。假設大腸桿菌是橄欖球，病毒（依種類而異）則相當於乒乓球或小鋼珠，光學顯微鏡受限於解析度而無法看到。直到一九三〇年代以後，開發出倍率達光學顯微鏡十倍至百倍的電子顯微鏡之後，才終於「看到」病毒。

野口英世在一九二八年因黃熱病而去世。當時世人還不知道病毒的存在，他畢生研究的黃熱病、狂犬病，其實病原體都是病毒。

首次在電子顯微鏡下捕捉到病毒的科學家一定感到不可思議。因為病毒非常整齊，與他們過去所了解的任何病原體都不同，甚至可說過度的整齊劃一。

科學家認為病原體和細胞通常都是濕潤、柔軟而脆弱的球體，雖然有大致相同的形狀，但是每個都有微妙的差異。病毒則不然。就像荷蘭版畫家艾雪（M.C.Escher）所描繪的圖像，具有幾何學的美感，有些如二十面體的多角立方體，有些為繭狀個體呈螺旋狀堆疊，有些則是像無人火星探測機般的機械式結構。而且，同種類的病毒形狀完全相同，沒有大小或性質的差異。為什麼會如此？原因是病毒並非生物，而是一種無限接近於物質的東西。

病毒不會攝取營養，也不會呼吸，當然也不會排出二氧化碳和排泄廢物。換言之，不會進行一切代謝作用。如果把病毒提煉到不含雜質的狀態，在特殊狀態下進行濃縮就能加以「結晶化」。結晶是具有相同構造的單位，經由規則的填充才能形成。也就是說，這一點與礦物很相似。病毒的幾何學性質，來自蛋白質規則配置的外殼。病毒就像來自機械世界的微小模型。

不過，病毒與單純的物質的唯一區分，也是最大的特性，就是病毒能自我增殖。病毒具備自我複製的能力。這種能力來自坐鎮於蛋白質外殼內部的單一分子核酸（ＤＮＡ或ＲＮＡ）。

病毒自我複製的形態宛如外星人：單獨存在時無法複製，只有寄生在細胞上才能進行複製。就像行星撞擊地球般，機械性的粒子附著在宿主細胞的表面，病毒本身的ＤＮＡ從接觸點注入細胞內部。ＤＮＡ中寫著構築病毒所必要的資訊，宿主細胞誤認為外來的ＤＮＡ是自己的一部分而進行複製，並根據ＤＮＡ的資訊不斷製造出病毒的零件，於是在細胞內不停的生產出病毒來。新製造出來的病毒，不久之後會破壞細胞膜，一起向外飛出。

病毒是介於生物與非生物之間的物質。如果將生命定義為「能自我複製」，那麼病毒確實是生命體。病毒附著在細胞上使自己增殖的形態，與寄生蟲無異，但是觀察病毒粒子單體，它卻是無機的、硬質的機械物體，沒有生命的律動。

過去有很長一段時間，人們爭論著應將病毒歸類於生物抑或是非生物，到現在仍無定論。因為，這也是如何定義生命的爭論。本書的目的也在這裡。生物和非生物之間，是否有灰色地帶呢？我打算重新定義一次。

老實說，我並不把病毒定義為生物。也就是說，我認為將生命定義為自我複製的系統並不充分。那麼，要掌握生命的特徵，還可以另外設定哪些條件呢？生命的律動嗎？我在前面是這樣寫的。我試圖找尋能夠盡可能正確定義的方法。

在此前提之下，必須重新追溯自我複製這個概念是如何成立的，為此，我將再度回到紐約大道和六十六街。

無名英雄

二十世紀是生命科學開花的時代。那麼，最初是誰揭開序幕的呢？一九五三年，英國劍橋大學的華生（James D. Watson）和克里克（Francis H. C. Crick）發表了DNA為美麗而單純的雙重螺旋結構，震驚了全世界。當時華生才二十多歲，克里克也不到四十歲。這項發現使這兩位原本沒沒無聞的年輕科學家，一夕之間成為生命科學史上最偉大的人物，也在他們前面鋪設了一條紅毯，直通兩年後的諾貝爾頒獎典禮，當然也成為名揚全世界的英雄。

如前言所敘述，雙重螺旋具有重大意義並非單純因為結構之美，而是此結構含有的功能。華生和克里克在論文的最後說：「這種雙螺旋結構讓人立即聯想到自我複製機制，這一點我們並沒有忽略。」

DNA的雙重螺旋結構呈現出互相複製的可能性。將雙重螺旋解開，就好像軟片的正片與負片的關係。根據正片製造出新的負片，原來的負片則製造出新的正片，於是產生出兩組新的DNA雙重螺旋。寫入正片或負片的螺旋狀軟片中的暗號，正是基因資訊。這是生命的「自我複製」系統，在新的生命誕生或細胞分裂時，即成為資訊傳達機制的基幹。

華生和克里克因解開DNA的結構而一夕成名，這是因為當時人們已經知道DNA是傳遞基因訊息的最重要資訊分子。那麼，世界上首先發現DNA等於基因的人又是誰呢？他就是美國的遺傳學之父艾佛瑞。

奧茲瓦爾德・艾佛瑞

我在洛克斐勒大學工作時，我的研究室位於二十世紀初大學創立時就存在的古老醫院大樓內。建築的前院有精心整理的花壇，紐約的漫長冬季結束後，鬱金香便一齊綻放。

此棟建築的構造相當簡單，每一層樓的走廊都位於中央，兩側排列著狹窄的研究室，共有地下二層樓、地上則達十層樓，因此大部分的研究員都使用大樓中央的古老電梯。我所屬的分子細胞生物學研究室正好位於中間的五樓，走廊的兩端有安全門，推開就是平常很少人使用的樓梯，但我卻對它情有獨鍾。

呈橢圓螺旋狀的樓梯緩緩上升，扶手的造型都有雕刻裝飾，大概是當時的流行。由上層向下望，細長的橢圓圈看起來非常規則的重疊著。凝視一段時間，它的幾何學圖形令人想起小時候看過的科幻電影或時光隧道。其實，這個樓梯正是一條時光隧道。

習慣了紐約研究生活後的某一天，研究室的主管告訴我：「伸一，你知道我們上面的六樓有誰待過嗎？是艾佛瑞。」

實驗到深夜的某個晚上，我從螺旋梯上到六樓。走廊上非常安靜，昏暗的燈光照射在亞麻地板上，只有放置實驗樣本的冷凍庫發出低沉的聲音。距離艾佛瑞在這裡的日子已超過四十年，走廊和牆壁都經過改裝，應該已看不到當時的面貌。但是我卻覺得似乎看到了艾佛瑞的身影。

因為，同樣位於曼哈頓的哥倫比亞大學生化學研究室 DNA 研究員查加夫（Erwin Chargaff），他在文章中的一句話深深留在我的心中。

我經常造訪洛克斐勒醫學研究所，雖然在 M．柏格曼的研究室，但常看到艾佛瑞穿著淺茶色的實驗衣，像年老的老鼠般沿著牆壁行走的樣子。

艾佛瑞一八七七年生於加拿大，父親為牧師，十歲時移居紐約市。在哥倫比亞大學他選擇了醫學，一九一三年進入洛克斐勒醫學研究所工作後，才開始從事科學研究。此時艾佛瑞已經三十六歲，以研究者而言，起步算是相當遲的。

他住在離研究所三條街的小公寓裡。上午九點左右來到醫院大樓六樓的研究室，到了晚上直接回到住處，終生維持著規律生活，幾乎沒有參加過學術會議或演講，甚至沒有離開過紐約，就這樣獨自度過一生。

他的相貌相當特殊，小個子的身體，長了一個禿了頂、像缽底般的大頭，眼睛大而凸出，下巴細而尖，看起來像是格林童話中的小人，或是威爾斯（Herbert George Wells）科幻小說中的外星人。

他與野口英世在洛克斐勒醫學研究所的時期正好重疊，因此他們即使沒有頻繁交談，也應該相互認識。一九三〇年代，艾佛瑞的研究漸入佳境，不過野口這時已離開人世。當時曼哈頓為了脫離經濟大蕭條，爭相興建高層大樓。相信艾佛瑞也曾遠望聳立在遠處的克萊斯勒大廈和帝國大廈。

艾佛瑞沒有家人，生活看起來非常單調，但是他的內心絕非如此。就像興建中的摩天大樓向著天空一點一點增高，他的研究課題——肺炎雙球菌的形質轉換，也逐漸接近成功。

探索基因的本體

肺炎在今天以抗生素很容易即可治癒，但是艾佛瑞開始在洛克斐勒醫學研究所工作的當時，完全不知道這種疾病的治療方法，因此病人大多會死亡，連醫生也只能祈禱病人戰勝病魔，自然痊癒。

肺炎雙球菌是肺炎的病原體，它是單細胞微生物，而非病毒。使用一般的光學顯微鏡就能觀察到。這種菌有幾種形態，大略可分成有強大病原性的 S 型與沒有病原性的 R 型。S 型分裂成 S 型的菌，R 型分裂成 R 型的菌，藉此來增殖。也就是說，菌的性質會遺傳。

艾佛瑞的前輩——英國的研究者格里菲斯（Fred Griffith），發現了一個奇妙的現象。具有病原性的 S 型菌能利用加熱來殺死，將殺死的菌注射至實驗動物中不會引發肺炎，這是當然的。另一方面，將沒有病原性的 R

型菌直接注射至實驗動物體內不會引發肺炎，這也是當然的。但是，將死的S型菌和活的R型菌混合，注入實驗動物體內卻會引起肺炎，而且在動物體內可以發現活的S型菌。這到底是怎麼一回事？原來，S型菌即使死亡，卻能藉某種作用使R型菌變成S型菌。不過格里菲斯當時並未理解此作用為何。

艾佛瑞打算探討這種奇妙現象的原因。他將S型菌磨碎殺死，取出菌體內的化學物質，並將它與R型菌混合，結果R型菌變成了S型菌。艾佛瑞的實驗桌上擺放著偉大前輩格里菲斯的照片，並決定探究改變細菌性質的化學物質到底是什麼。

改變細菌性質的物質正是「基因」。他開始向生物學史上最重要的課題挑戰——觀察基因的化學本質。但是態度慎重的艾佛瑞稱這種物質為形質轉換物質，而未稱之為基因。

當時對於基因的存在，以及它的化學結構已有很多的預測。基因承擔了有關性狀的大量資訊，因此應該呈極為複雜的高分子結構。細胞中的高分子化合物裡，最為複雜的是蛋白質。因此當時的常識認為，基因一定是一種特殊的蛋白質。

艾佛瑞當然也知道這一點。不過，他的實驗數據顯示出的結果，與基因為蛋白質的預測不同。艾佛瑞從S型菌中取出各種物質，徹底檢討哪一種物質使R型菌變化成S型菌。結果，最有可能的就是S型菌中含有的酸性物質──核酸，也就是DNA。

核酸雖然為高分子，但是它僅由四個要素組成，在某種意義上又是很單純的物質，因此過去誰也沒有想到它含有複雜的資訊。今天，我們只要使用0與1兩個數字就能記述複雜的資訊，反而能讓電腦高速運作，但是在當時，能想到資訊可以暗號化的研究者，至少生物學者中沒有任何一人。艾佛瑞對自己的實驗結果也半信半疑。他反覆實驗，從各個角度不斷檢討，但是結果只顯示了一件事──基因的本體就是DNA。

3

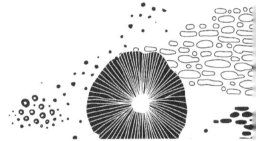

四個字母

只有四個英文字母

ＤＮＡ是呈長條繩索狀的物質。仔細觀察，它的構造像是由許多珍珠串連而成的項鍊。如果ＤＮＡ中寫入了生命的設計圖，那麼每一顆珍珠就是一個字母，繩索則相當於文字的排列。研究者們想解開ＤＮＡ的文法，首先得調查這些字母的形態。

ＤＮＡ在強酸中加熱，項鍊的串連就會被切斷，使珍珠分散。調查珍珠的種類，發現它們只有四種，即英文字母的Ａ、Ｃ、Ｇ、Ｔ。這四個字母連「this is a pen」這個句子都無法寫出（需要八個字母）。只用Ａ、Ｃ、Ｇ、Ｔ四個字母，最多只能發出ＡＡＡＧＧＧＡＧＡＧＴＴＴＣＴＡ或ＧＧＧＴＡＴＡＴＴＧＧＡＡ之類的呻吟或咬牙聲。

當時大家都認為，不論ＤＮＡ是多麼巨大的繩索，不論它有幾萬個Ａ、Ｃ、Ｇ、Ｔ相連，似乎也是大而無當。很難想像它含有精妙的資訊，最多不過是支撐細胞內部構造的繩索而已。艾佛瑞最初也是這樣想。

從細胞中取出ＤＮＡ並不困難。用鹼性溶液溶解細胞膜，加入鹽和酒精中和上層清澄的液體後，試管內出現的白色絲狀物質，就是ＤＮＡ。用玻璃棒捲起絲狀物，即可取出ＤＮＡ。

從肺炎雙球菌的Ｓ型菌（病原型）中抽出ＤＮＡ，將它與Ｒ型菌（非病原型）一起混合。ＤＮＡ的一小部分會進入Ｒ型菌的菌體內部，於是Ｒ型菌變成Ｓ型菌，而引起肺炎。也就是說，ＤＮＡ確實具有轉變生命性狀的作用。艾佛瑞反覆而小心的進行這項實驗，而且下了各種工夫，使實驗更精密。

純度的限制

研究生命科學時，最大的困難就是純度問題。樣本不論如何努力進行純化，純度都不可能達到百分之百。生物樣本在任何狀況下都會有微量的雜質，這就是汙染。

從Ｓ型菌中取出的ＤＮＡ，並非在試管中人工合成的化合物，而是從數萬種微小成分構成的活細胞中抽取出來的。以玻璃棒捲起的白色絲狀物確實是ＤＮＡ，但它不是純粹的ＤＮＡ，上面應該還附著了各種蛋白質或細胞膜成分。

改變細菌性質的形質轉換作用，或許不是ＤＮＡ所帶來，也可能來自微量的其他物質，亦即汙染所引起的。要排除這種可能性，研究者必須盡其所能除去汙染，純化ＤＮＡ。當然艾佛瑞也投注了最大的努力。

艾佛瑞完全沒有誇示自己的研究成果，也沒有向外宣傳，只是一步一步的將得到的資料記述下來寫成論文，投稿至當時他所屬的洛克斐勒醫學研究所發行的專門雜誌上。

艾佛瑞雖然謙虛，但是批判者卻一點也不客氣。艾佛瑞的資料顯示，形質轉換的物質，亦即基因的本體是ＤＮＡ，對此論述攻擊最激烈的，竟然是他在洛克斐勒醫學研究所的同事米爾斯基（Alfred Mirsky）。米爾斯基堅決認為造成形質轉換的不是ＤＮＡ，而是艾佛瑞實驗樣本中含有的微量蛋白質的作用。他表示，ＤＮＡ這樣單純的構造不可能帶有遺傳資訊，所以基因的本體應為蛋白質。

受到同研究所同事強烈攻擊，相信艾佛瑞的內心也不好過。因為這種局面與他研究生活所追求的平實正好相反。不過，能夠採取的方法只有一個，就是盡可能使ＤＮＡ純化來加以證實。

要如何排除混入的蛋白質，同時又不傷害樣本中的ＤＮＡ呢？第一個方法是利用蛋白質水解酶。用蛋白質水解酶處理樣本時，酶只會對蛋白質發揮作用，並將蛋白質破壞，而不會對ＤＮＡ作用。這樣處理後，樣本仍具有形質轉換作用的話，那麼即可認定ＤＮＡ就是形質轉換物質。答案是yes。

相反的，如果用ＤＮＡ水解酶來處理又會如何呢？酶只對ＤＮＡ發揮作用，使ＤＮＡ分解粉碎，但是不會對樣本中的蛋白質發生作用。因此，以ＤＮＡ水解酶處理後的樣本如果形質轉換作用消失，也可以確認形質轉換物質為ＤＮＡ。但若形質轉換作用並未消失，那麼形質轉換物質就是樣本中ＤＮＡ以外的物質。實驗的結果顯示，形質轉換作用因為ＤＮＡ水解酶而消失了。

即使如此探究，批判者的攻擊並沒有減弱。有人認為，經蛋白質水解酶處理，形質轉換作用沒有消失，是因為有些種類的蛋白質對該種水解酶有耐受性。也有人認為形質轉換作用因為DNA水解酶而消失，可能是水解酶本身中混入了蛋白質水解酶。

結果，這些議論反而使得狀況更加混沌。即使DNA樣本純化至九九．九％，或許是剩餘的〇．一％的汙染具有真正的作用。理論上不可能達到一〇〇％純化的生命科學，所以艾佛瑞也無法反駁那些存疑的聲音。

例如前面提到的野口英世找尋病原體的研究，也無法避免汙染的問題。即使捕捉到在顯微鏡下蠕動的微生物，用吸注器吸取後注射至健康的動物體內，成功引發疾病，也很難作出這種微生物就是病原體的結論。用吸注器吸取的溶液中，不能排除可能含有微生物以外的微小物質，或是光學顯微鏡看不到的東西，如病毒。

調查「依存性」

要有效解決純度的難題，也就是汙染的問題，也並非完全沒有方法。的確，不論多麼努力，要將樣本完全純化幾乎不可能。因此需要從別的角度著手，就是調查物質之間的「依存性」，也就是是否具相關性。

純度的難題，只要證明純度提升與形質轉換之間有相關性即可。例如，DNA含量僅七〇%左右的半精製品，形質轉換作用當然不太高，但如果提高純度，使用DNA含量達九九%，樣本的形質轉換作用也會跟著升高。此時，DNA的純度與形質轉換作用就會出現相關性。

如果形質轉換作用是由混入樣本的物質所產生，那麼隨著DNA的純度提高，汙染的程度降低，形質轉換作用也會跟著下降。也就是說，在這種狀況下DNA與形質轉換作用之間沒有相關性。

研究的質感

很遺憾的，在艾佛瑞的時代還無法做到可顯示物質動態相關性的精密實驗。顯示形質轉換作用的實驗由於細菌的反覆無常（許多R菌中，只有極少數的菌體會偶然吸收來自S菌DNA重要部分，它們必須順利發揮作用才能產生形質轉換。要定量處理這種過程是相當困難的），以致未能以數值來明確顯示作用的強弱。不過，閱讀艾佛瑞的論文，還是可以理解他在實驗過程中下了各種工夫，盡可能將此現象定量化。

最終結果，艾佛瑞是正確的，米爾斯基則是錯的。支持艾佛瑞的到底是什麼？一九四〇年代初期，艾佛瑞在洛克斐勒醫學大樓六樓的研究室進行肺炎雙球菌的形質轉換實驗時，已經超過六十歲。他是主導研究室的教授，身邊還有多位助手，但他總是親自搖動試管，操作玻璃吸注器。研究室的成員們都尊稱他為「老大」。

一直支持著艾佛瑞的，大概是他親自用手搖動試管內DNA溶液的感覺吧。他盡可能純化DNA樣本，加入R型菌後確實出現了S型菌。大概就是這種真實感支持著他。

換一種說法，可以說是研究的質感，這與直覺或靈感完全不同。靈感或意外往往是發現或發明的好方法，但我認為未必如此。在研究現場，直覺甚至有負面作用。「一定是這樣！」這種直覺大多是潛在的偏誤或單純圖像化後的產物，與自然界原本的形態有距離或差異。例如，認為結構單純的DNA不可能是形質轉換物質，而應是複雜的蛋白質的想法，就是直覺的負產物。

艾佛瑞一方面保留汙染的可能性，同時確信DNA才是遺傳物質，這絕非直覺或靈感，而是根據他長期站在實驗桌旁的真實感。我認為所謂研究，可說就是個人的努力。

貫穿整個生命現象的結構

艾佛瑞留下內容非常嚴謹的論文之後，一九四八年從洛克斐勒醫學研究所退休。一直單身的艾佛瑞，退休後投靠位於田納西州那什維爾的妹妹，每天蒔花弄草，在住家附近散步，度過他的餘生。艾佛瑞在高樓上，或是在輕輕吹拂的風中，不知有沒有想過自己手中曾搖動過的DNA的下落。

洛克斐勒大學的人提到艾佛瑞時都格外熱烈，他們認為艾佛瑞沒有獲得諾貝爾獎是科學史上最大的遺憾，華生和克里克則不過是騎在艾佛瑞肩膀上的頑皮小孩而已。

身處在只有早熟天才或年輕時就在研究上發揮創造性，才會受到傳誦的科學界，大器晚成的艾佛瑞可說是個無名英雄。

不過，也並非所有的榮譽都與他擦身而過。在他即將退休的一九四七年獲得第二屆拉斯克獎基礎醫學研究獎（Albert Lasker Award for Basic Medical Research），這個獎原是表彰科學上的先驅性重要發現，現在則成為預測未來諾貝爾獎的風向球。不愛外出的艾佛瑞是否有出席頒獎儀式已不可考。另外，洛克斐勒大學校園內也在一九六五年九月為他設立了一塊紀念碑，上面這樣寫著：

奧茲瓦爾德．艾佛瑞（一八七七～一九五五）
一九一三至一九四八年擔任洛克斐勒醫學研究所研究員。
為感謝他的貢獻而設立此紀念碑。

友人與同事敬立

ＤＮＡ的排列中寫入了使生命性狀轉換的資訊。這正是艾佛瑞的偉大發現。那麼，四個字母要如何承載這些資訊呢？

用Ａ、Ｃ、Ｇ、Ｔ四個字母所表示的，是化學用語中被稱為核苷酸的ＤＮＡ構成單位。這種構成單位與它的文字排列，也是貫通整個生命現象的結構。

當初被視為基因本體的蛋白質，其結構與ＤＮＡ極為相似。蛋白質是繩索狀的高分子，繩索由珠子串連而成。珠子是稱為胺基酸的化學物質。構成蛋白質繩索的胺基酸有二十種，也就是說，胺基酸可以排列出與二十六個英文字母相匹敵的豐富蛋白質文字列，帶來了蛋白質的多樣性與複雜性。

蛋白質是使生命活動運作、操控、反應的執行者。ＤＮＡ與蛋白質就如下表所示般，具有並行的對應關係。

高分子	組成單位	種類	功能
核酸（ＤＮＡ）	核苷酸	4種	遺傳訊息的傳遞
蛋白質	胺基酸	20種	生命活動的執行

ＤＮＡ如何傳遞性狀？

抗生素是阻止細菌增殖的藥物。例如盤尼西林和鏈黴素都非常有效，解救了不少傳染病患者，但是也很快的就出現這些藥物無法殺死的細菌，這就是對抗生素有抗藥性的細菌。

我們現在就陷入了這種沒有止境的悲劇中。例如，被視為最強的抗生素甲氧西林和萬古黴素，照樣出現了抗藥性菌MRSA和VRE，而且在醫院等治療現場帶來嚴重的感染。人類在對抗微生物的戰爭中節節敗退。

以前能夠發揮作用的抗生素，現在失去效果，也就是抗生素的無力化。抗藥性菌能分解抗生物質，或使抗生素變成其他無害的物質。換言之，細菌獲得了新的能力（＝性狀），這種能力在不同的細菌之間迅速蔓延。已知細菌之間有ＤＮＡ的交換。

ＤＮＡ從抗藥性菌傳至非抗藥性菌，進行基因的水平移動，非抗藥性菌就會變成抗藥性菌。這與艾佛瑞在實驗中發現，病原性Ｓ型細菌的ＤＮＡ傳給非病原型的Ｒ型細菌後，Ｒ型菌可獲得Ｓ型菌的性狀而成為病原型是相同現象。艾佛瑞所進行的實驗已發生於自然界中。

那麼，ＤＮＡ是如何傳遞性狀的呢？這裡有一個了解ＤＮＡ與蛋白質並行關係的關鍵，即ＤＮＡ傳遞的是資訊，實際發揮作用的則是蛋白質。分解抗生素的酶是蛋白質，產生病原性的毒素或感染所需要的分子，皆為蛋白質。從抗藥性菌傳至非抗藥性菌，或是從Ｓ型菌傳至Ｒ型菌的ＤＮＡ上，都寫入了製造出分解抗生素的酶或毒素所需的設計圖。

艾佛瑞去世後，科學家們遭遇了資訊的屏障。只有四種字母的DNA，如何能夠接收由二十種字母組成的蛋白質的設計圖？

一旦了解之後，會發現它其實是非常單純的問題。四種DNA字母要一一對應所有蛋白質是很困難的。由四種字母中的其中兩個來對應一種胺基酸又如何呢？兩個DNA字母能夠排列出的組合數，四×四等於十六種，要應付二十種胺基酸還是不太夠。那麼用三個字母來對應一種胺基酸呢？四×四×四，可排列出六十四種組合，這樣就足以涵蓋二十種胺基酸了。實際上，自然界所採取的就是這種方式。

假設蛋白質文字為 this is a pen，那麼只要組合出下列對應胺基酸排列的DNA文字即可。例如T為ACA，h為CAC，i為ATA，s為AGC，依此類推，就可以涵蓋 this is a pen 的暗號。

如此一來，看似單純而無意義的高分子DNA，就能轉譯、保存蛋白質的排列資訊，並傳送給其他蛋白質，成為能夠複製的資訊高分子資料庫。

ACA CAC ATA AGC ATA AGC GCG CCG GAG AAC

t h i s i s a p e n

另一方面，我們也不能忽視僅有的四個DNA字母，由於它的單純而容易產生新變化的可能性。假設代表pen的e的三個DNA文字GAG，因為某些細微原因（可能是香菸的煙，也可能是紫外線），而被改寫成GCG，那麼文字排列的意義就變成this is a pan（這是一個平底鍋）。或是e改寫成i的話，就產生了文字突變，又由筆變成了別針（pin）。

實際上，自然界中發生的突變和進化，都是DNA文字上發生的微小變化，改寫了蛋白質的文字，使蛋白質的活性產生變化而引起的。

艾佛瑞明確指出DNA才是基因的本體，這是被稱為生命科學之世紀的二十世紀中最偉大的發現，並揭開了分子生物學的序幕。艾佛瑞退休後不久，科學界掀起了DNA結構的解析，以及DNA暗號解讀等DNA研究熱潮。

即使囊括所有科學獎項也絕不過分的艾佛瑞，卻與所有孤獨的先驅者一樣，總是走在時代的前頭。

4

查加夫拼圖

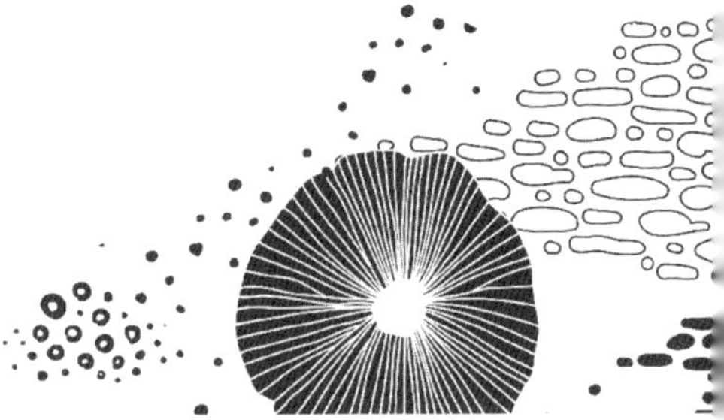

查加夫拼圖

ＤＮＡ才是含有遺傳資訊的物質。

繞著一個圓圈行走，看起來不斷在前進，事實上，最後還是會回到原點，但如果將這個圓圈稍加改變，畫成可以向上攀升的螺旋狀階梯，它即可化為艾佛瑞偉大發明的新紀元。在人類史上，就是艾佛瑞首先開啟了通往未知領域的「螺旋」階梯之門。

形容艾佛瑞為老鼠的，是與洛克斐勒醫學研究所同樣位於曼哈頓的哥倫比亞大學生化研究室的科學家查加夫。他形容艾佛瑞在研究所昏暗走廊上來回行走的身影，就像一隻年邁的老鼠。這個身影離去後，科學家們相繼加入ＤＮＡ研究的行列，每個人內心都希望成為解開暗號的人，查加夫也是其中之一。雖然後來夢想並未成真，但他仍對艾佛瑞充滿親切的追思，還以老鼠來稱呼他。事實上，當時查加夫比誰都接近這個目標。

那時候，查加夫對自己的研究做了下面的解讀。

動物、植物、微生物，不論是何種起源的DNA，或是屬於何種DNA的一部分，分析它們的構造，A與T、C與G的含量都是相等的。

這個奇妙的資料到底在暗示什麼？

我們也嘗試進行與查加夫同樣的分析（不過我們是由已知的事實來俯瞰DNA）。

如前述般，對應「this is a pen」的胺基酸排列（共十個字母）的DNA有下列三十個字母。

ACA CAC ATA AGC ATA AGC GCG CCG GAG AAC

t h i s i s a p e n

加入強酸將DNA加熱，連接文字與文字的結合被切斷，DNA成為分散的字母。再數一下A、T、C、G四個字母的數目：

A有十二個，T有兩個，C有九個，G有七個。

A與T的數目有大幅差異，C與G的數目也不相同，與查加夫的分析結果並不一致。當然，這不是查加夫有錯誤，而是我們的實驗思考有誤。

在生命科學上，觀測資料往往比理論優先。不過這必須建立在正確觀測的基礎上。

科學家常執著於自己的思考。如果獲得的資料與自己的想法不同，首先會認為觀測方法不正確，而不是自己的思考有誤，因此會反覆觀測（或實驗），以求得與自己思考一致的資料。

但是，固執的思考經常是幻想，因此總是得不到一致的資料。科學家往往會越來越固執。就如同想要拾起掉落在縫隙裡的珠子，將縫隙撐大，珠子反而越陷越深般，反覆進行沒有目的的嘗試。花費很多時間在研究上就是因為這個緣故。

假說與實驗資料之間出現差異時，認為假說正確，但實驗不正確，因此沒有出現預期的資料，或是認為自己的假說原本就不正確，因此沒有得到預期的結果，這些情況常考驗研究者的真本事。

DNA並非單純的文字排列

話題回到查加夫的拼圖上。查加夫對於DNA的結構並沒有預設的明確「假說」。他不過是經過反覆的精密實驗，結果發現A的數目＝T的數目，C的數目＝G的數目的模型。這個模型到底顯示了什麼？

通常，如果寫文章時規定文字的種類或使用次數，將會面臨很大的限制。例如重新排列文字成為其他語詞的字謎、限制文字使用次數的〈伊呂波歌〉，還是不管由上或由下讀起來都相同的迴文詩等，都是如此。如果設定文字的使用次數，讓A＝T、C＝G，資訊的表現方式就會受到限制。而且，如前面所看到的，與胺基酸對應的核酸鹼基排列，若為單純的文字列，這四個文字的使用頻率就不能限制為Ａ必等於Ｔ、Ｃ必等於Ｇ。最後，這意味著一件事：

ＤＮＡ並非單純的文字排列。

那麼它是什麼樣的文字排列呢？當時誰也無法理解，連早就注意到文字出現模式的查加夫自己也不知道。他到底是如何獲得正確解答的，這個秘密將在別處討論，這裡先提出解答：

ＤＮＡ不是單純的文字排列，而是以成對的結構存在。

而且，這種成對結構遵從Ａ與Ｔ、Ｃ與Ｇ的對應規則。也就是說，前面舉出三十個字母的ＤＮＡ，不是單純的一條鎖鏈，而是如下面所示的互補性鎖鏈和組合。

ACACACATAAGCATAAGCGCCGGAGAAC　轉錄股
||||||||||||||||||||||||||||
TGTGTGTATTCGTATTCGCGGCCTCTTG　反轉錄股

DNA的鎖鏈通常為兩股成對的結構。因此，查加夫法則是成立的。這種成對結構如果分解成字母，那麼上鏈如前面所顯示的，A有十二個，T有兩個，C有九個，G有七個，下鏈則是A有兩個，T有十二個，C有七個，G有九個，分析結果是將兩條鎖鏈合而為一來表現，因此A有十四個，T也有十四個，C有十六個，G也有十六個，正好呈現了查加夫法則所說的，A＝T、C＝G。

後來，華生大言不慚的說，這種事只要稍加思考每個人都會知道，因為自然界中重要的東西都是成對的。如此大的發現從眼前溜走，而且與諾貝爾獎擦身而過的查加夫心裡不知做何感受？

成對結構的意義

為了讓讀者更理解，這裡將做更詳細的說明。A與T所以能夠相互成對，是因為A與T的結構在化學上呈凹凸的關係，而C與G之間也存在另一種凹凸關係。就是這種特異性使得兩條DNA鎖鏈成對。此關係可寫成下列模式。

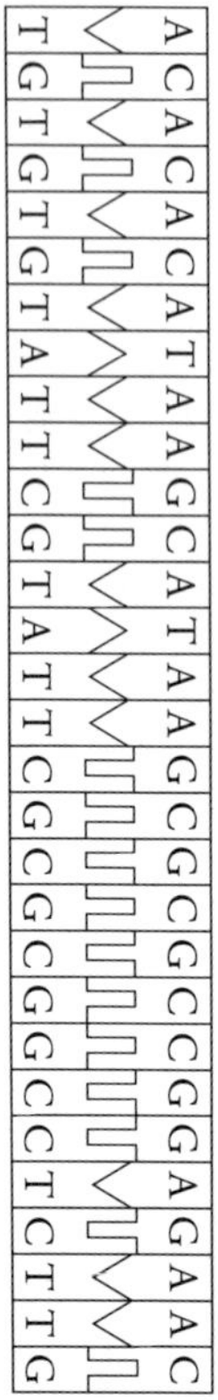

其次，這兩條DNA鎖鏈在成對的同時，還如下圖般呈螺旋狀纏繞在一起。

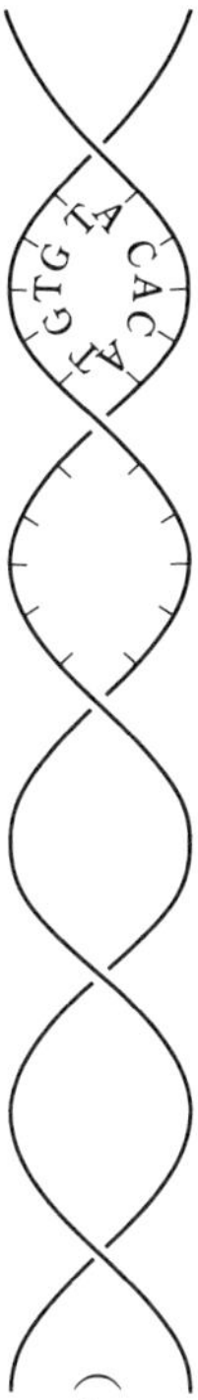

（部分省略）

但與螺旋構造相比，現在更重要的是ＤＮＡ成對的事實。它在生物學上有什麼意義呢？它的意義就在於保證資訊的穩定性。

ＤＮＡ採取互補的成對結構，一方的文字排列決定後，另一方即自動決定。或是兩條ＤＮＡ鎖鏈任何一方失去一部分，也可以很容易根據另一方來修復。

ＤＮＡ若受到紫外線或氧化的壓力，排列會遭到破壞。但即使失去部分排列，例如ＡＴＡＡ，只要互補的另一條鎖鏈的ＴＡＴＴ構造存在，仍可自動填補空洞。事實上，ＤＮＡ會日常性的受到損傷，也會日常性的進行修復。這種保持資訊的恆定，就是生命刻意擁有成對的ＤＮＡ。其中一條，例如直接擁有「this is a pen」這個資訊排列的鎖鏈，稱為轉錄股，另一條則扮演轉錄股的鏡子角色，也就是反轉錄股。

華生與克里克了解查加夫的法則之後，在劃時代的論文最後寫下了這一段話：

這種雙螺旋結構讓人立即聯想到自我複製機制，這一點我們並沒有忽略。

DNA呈相互複製的成對構造。這種互補性不僅能進行部分的修復，DNA還具有本身自我複製的機制。雙重螺旋解開後，分成轉錄股與反轉錄股，當它們以各自為模板合成新的鎖鏈時，亦即根據轉錄股合成新的反轉錄股，原來的反轉錄股合成新的轉錄股時，就能產生出兩對DNA雙重螺旋。只要有一條鎖鏈存在，就可以根據它的文字排列，依序自動排出相對應的文字排列，合成另一條鎖鏈。

這是生命的「自我複製」系統。一個細胞分裂成兩個子細胞，並各分配一組ＤＮＡ，於是生命就可以傳給子孫。而且，這是從地球上出現生命的三十八億年前起就持續進行著。

這裡將生命定義為進行自我複製的系統，而且ＤＮＡ以所具有的美麗雙重螺旋結構來保證複製的順利進行，其結構正是它自我複製功能的體現。

如何擴增ＤＮＡ？

細胞內複製ＤＮＡ時會產生極為複雜的連鎖反應，而且靠數十種以上的酶和功能性蛋白質通力合作。生化學的教科書單是關於ＤＮＡ的複雜機制，通常就需要以很長的一章來說明。

ＤＮＡ的雙股鎖鏈首先必須以特別的方法解開，然後設法消除螺旋解開時產生的彎曲。有多個酶會聚集在解開的部位，動員核酸的材料核苷酸，以一條鎖鏈為模板開始合成新的鎖鏈。此時狹窄的細胞核內部產生各種空間上的問題。因此需要有能夠解決這些問題，同時又能順利複製ＤＮＡ的方法。

關於這一點，這裡不做詳細的敘述。要以人工模仿此方法當然是不可能的，但相對的，科學家若不能將細小的斷片複製出相當數量的ＤＮＡ，就無法進行生化學的解析。相信很多人看到「ＤＮＡ鑑定結果」的影像後，會覺得很像電視上看過的條碼。為了讓人「看見」ＤＮＡ，一條條碼需要複製十億個以上的ＤＮＡ分子。

要使ＤＮＡ擴增，只有借助細胞的力量。使用大腸菌，在它們的內部擴增ＤＮＡ是最常用的方法。

距離ＤＮＡ雙重螺旋結構秘密近在咫尺的查加夫未能實現夢想，倒是兩名年輕的科學家克服障礙，獲得登峰造極的榮譽。

自一九五三年華生和克里克發現了ＤＮＡ的螺旋結構之後，有關ＤＮＡ複製機制的研究出現驚人發展，如前面敘述的，許多複雜的問題相繼被解決。主要環節揭開之後，相關的分子也幾乎都被科學家掌握。

但是，對這些發現有重大貢獻的許多著名科學家卻忽略了一件很簡單的事。等到了解之後，幾乎每個人都對此感到嘆息。它與ＤＮＡ結構的秘密同樣，過去很長一段時間沒有任何人注意到。

直到最近，幸運之神才降臨到某個人身上。

PCR儀器掀起的革命

這是一九八八年的事。這一年，我開始了在美國的研究生活。從春天到夏天，不論在研究所內或是參加學術會議，遇見的研究者全都露出焦躁情緒，不停喃喃自語的念著三個英文字母——PCR。這是聚合酶連鎖反應（polymerase chain reaction）的英文簡稱。

我們位於曼哈頓東河邊的研究室也引進了Perkin-Elmer Cetus生技公司的全新PCR儀器。這是一部看起來沒有什麼特別、外形像微波爐的長方形設備，就好像小型神桌般，坐鎮在我們研究室最佳的位置。

我們這些分子生物學者過去多次聽到開發出劃時代、革命性新技術的消息，這些方法確實都很便利，但是效果並沒有傳言中那麼理想。換言之，我們對這些宣傳手法早已耳熟能詳。

我按照 Cetus 公司的使用指南，在小塑膠管內調好藥品，將它們排列在ＰＣＲ儀器中，然後按下開關。儀器發出低沉的聲音開始運轉。即使已過了大約二十年，我依然清晰記得當時在昏暗的研究室中得到的實驗結果，經紫外線照射而染成藍色的ＤＮＡ條帶明顯浮出。我花了一年多時間探索的基因就在這裡，而且是ＰＣＲ在一瞬之間產生的。

這是可以在試管中自由複製任何基因的技術，已不再需要借助大腸菌的力量。這是分子生物學真正的革命。

ＰＣＲ的原理

ＰＣＲ的原理其實很簡單。

首先，將裝有想要複製之ＤＮＡ的試管以接近攝氏一〇〇度的溫度瞬間加熱。於是，原來成對的Ａ與Ｔ、Ｃ與Ｇ的結合被切斷，ＤＮＡ分成轉錄股和反轉錄股（單是加熱，ＤＮＡ的鎖鏈本身不會切斷）。之後快速將試管冷卻至五〇度左右，接著再慢慢加熱至七二度。

試管中預先加入了名為DNA聚合酶的酶和引子（一小段單股合成DNA），以及充分數量的A、T、C、G四個字母。聚合酶附著在轉錄股的一端，借引子之助，以轉錄股為模板，利用四個文字織出相對應的DNA鎖鏈。同樣的現象也會發生在反轉錄股上。也就是說，以反轉錄股為模板，利用聚合酶合成新的DNA鎖鏈。

合成反應一分鐘左右即可完成。完成之後，DNA會增至二倍。這時，再將試管加熱至一〇〇度，於是DNA又分成轉錄股和反轉錄股。溫度下降後，利用聚合酶進行合成反應，使DNA成為四倍。同樣的過程不斷反覆，一個循環不過數分鐘時間。原來的DNA經過十個循環後成為二的十次方，亦即一〇二四倍。二十個循環後成為一百萬倍，三十個循環後可突破十億倍。到這時為止，才不到兩個小時。

PCR儀器不過是調控溫度上升或下降的裝置而已。但在此過程中，DNA在試管中卻會呈現連鎖反應，不斷的增加。

為了避免酶加熱至一〇〇度時會失去活性，這裡使用的聚合酶是從海底火山附近土壤中採得的嗜熱性菌株中抽取出來的，即使加熱至一〇〇度也不會變質。反應的最適宜溫度為七二度。這種酶對ＰＣＲ的普及有非常大的貢獻，不過，ＰＣＲ的特色並不在此。它的特色是不單能複製ＤＮＡ，而且能夠在雜亂的ＤＮＡ中，僅選出特定的一部分來進行複製。

找出基因中特定的文字排序來複製

人類的基因組由三十億個文字組成。如果每頁印刷一千個字，每冊一千頁，可以成為合計三千冊的超大叢書。基因研究必須從其中找出特定的文字排序（sorting）。但是，只是找出來還不夠，還必須增加該部分的拷貝。所謂ＰＣＲ，是巧妙利用ＤＮＡ的雙重螺旋由轉錄股與反轉錄股組成的結構，同時實現 sorting 與拷貝的技術。

關鍵就在兩個引子。引子是相當短、由十至二十個字母組成的單股ＤＮＡ。這種程度的文字列，很容易就能由人工合成。

假設現在要由三十億個字組成的基因組某處取出一千個字的特定基因，

然後加以擴大。這就像從犯罪現場取得的犯人毛髮，只能從中抽取出極少量的樣本，但是絕不允許失敗。因為一千個字的排列含有能夠確認某特定人物的「指紋」，如果解讀出來，即可得到有關犯人的有力線索。

我們先注意一千個字的ＤＮＡ排列的左端。正確來說，是左端更前面的部分，這是沒有個人差異、人類共通的排列，其文字列已由人類基因組計畫解開。引子由十個字母組成，正好是在這一端與反轉錄股呈互補相對排列而合成的。

加熱至一〇〇度而分離成轉錄股與反轉錄股的基因組ＤＮＡ樣本中，添加了引子１，而且引子的量遠超過基因。溫度一旦降至五〇度時，大量的引子即一齊分散至基因組的森林中，找尋與自己吻合的互補性排列。如果配對成立，引子就穩定下來。

長的單股ＤＮＡ與短的引子結合時，聚合酶就以此處為起點開始ＤＮＡ的合成反應。顧名思義，引子就是引起聚合酶反應的基礎，聚合酶則朝向引子連接新的文字。與引子吻合的反轉錄股的文字作為模板，決定聚合的文字。

基因組的森林非常深邃，或許各處都有複數的類似排列，因此引子 1 應該可以在各種狀況下結合，或許在不能完全配對的地方也可進行不完全的結合。因此，聚合酶引起的合成會在複數的狀況下發生。但重要的是，引子 1 在反轉錄股上，必定能與千字部分的左端成對。

實際上，我們還準備了引子 2。它在引子 1 相反的一端，同樣由十個字母組成，這十個字母正好與引子 1 的十個字母排列成對。

這裡最重要的是，與前面相反，引子 2 被設計成與轉錄股的排列成對。與轉錄股這部分結合的引子 2，在此成為聚合酶反應的開端，引起新 DNA 鎖鏈的合成。不過，引子 2 與轉錄股成對，因此合成的方向與引子 1 相反。

也就是說，從引子 1 開始的合成反應，與從引子 2 開始的合成反應，夾著一千個字母的排列呈相對的方向，分別合成另外的鎖鏈，結果形成的是包括一千個字母排列在內的兩條新的 DNA 鎖鏈。

PCR 原理

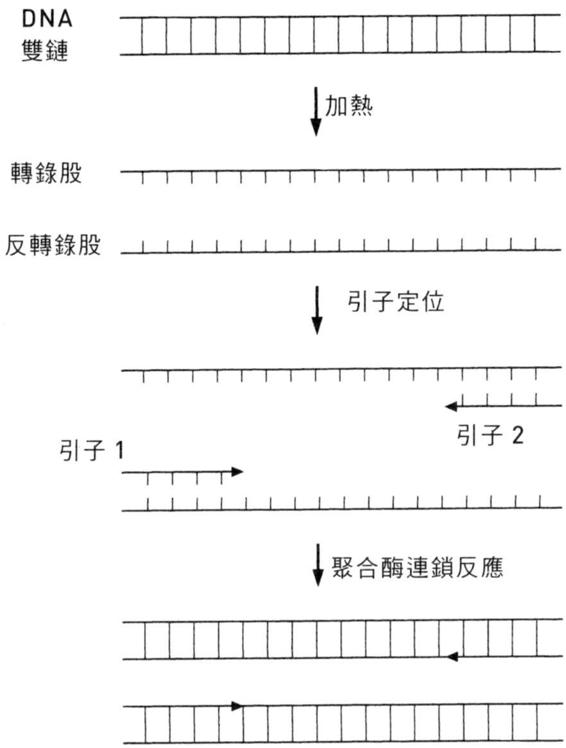

在第一次聚合酶連鎖反應中，兩種引子分別朝外側延伸，但從第二次反應開始，只有嵌在兩種引子之間的部分 DNA 才會增加。

理論上這種循環可無限反覆。每重複一次，一千個字母的排列即可倍增。即使引子1和2在基因組的其他地方發揮作用，那也不過是個別發生的細小雜音而已。引子1和引子2協調而運作的地方，只有它們所包夾的一千個文字排列的部分，因此也只有這個部分會連鎖反應的擴增。結果，由一根毛髮出發的極微量基因組DNA樣本，數個小時後，在PCR儀器的小反應試管內部，特定的一千個文字的排列會增加至十億倍以上。這實在是了不起的發明。

當初是「誰」發明這種革命性新技術「PCR」的？關於這個問題，我們只知道是Cetus公司的研究團隊開發出來的。不久之後，又從西海岸傳來：「是某位個性怪異的天才在約會時突然獲得的靈感。」據說這位天才還是衝浪愛好者。

5

衝浪愛好者
獲得諾貝爾獎

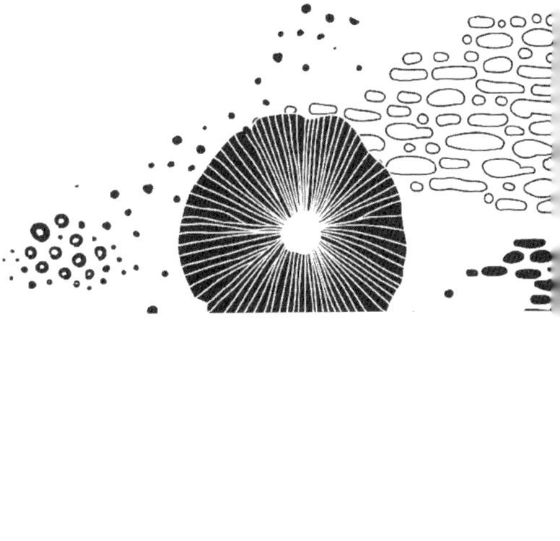

死鳥症候群

「當研究員真好。可以做自己喜歡的事，又能賺錢。」

曾經有人這樣對我說。我只是曖昧的笑著回答：「嗯，是啊。」任何領域都一樣，事情沒有這樣單純的。

我剛開始在美國研究時，在研究室內的職稱為博士後研究員。對於剛拿到學位的的研究員而言，這可說是邁向獨立的訓練時期。

理科的研究員從四年制的大學畢業後進入研究所，日本和美國一樣，都是以二年碩士課程、三年博士課程為標準。在這段期間內從事某一主題的研究，並完成多篇研究論文。大多數主題是由所屬研究室的教授指定，完成後取得博士學位。對我們而言，博士學位不過是開始擔任研究員的執照而已。

博士學位就像腳底下不小心踩到的米粒，不拿起來心裡覺得不舒服，拿到又吃不飽。

這是從學長傳下來的玩笑話。實際上，日以繼夜地做著不太順利的實驗，好不容易拿到博士學位，前景卻未必光明。研究員的名額相當有限，能找到大學助教的職務算很幸運了。如果以為研究員可以從事自己喜歡的工作，又能賺錢，那就錯了。能領到錢是事實，但其他與一般所想像的完全不同。

受聘擔任助教，意味著可踏上攀登學術界之塔的階梯，同時進入學術界的階級系統中。學術界之塔從外面看起來光鮮亮麗，但實際上卻像是昏暗隱密的捕章魚甕。在日本，名為講座制度的結構內部，仍保留了過去的階級，教授以外其他全是僕人。從助教、講師到助理教授，每個人拋開自己的人格，供教授差遣，在這期間內，還得小心避免踏到階梯之外。擦桌子、拎皮包，忍耐所有的雜務和折磨，只有能夠完全忍受的人，最後才能坐上甕底的座墊。老舊大學的教授室都很相似，散發著死鳥的氣味。

日本有一句話——「死鳥症候群」（意指研究者對研究已感到厭倦）。功成名就的教授在空中展翅飛翔，他們拍打著翅膀，看似要飛向更高的天空。人們用尊敬的眼光眺望他們。

死鳥症候群是我們研究者之間傳下來的一句話，這是某種致命疾病的名稱。

我們懷抱著滿滿的希望和自信，跨出第一步。所看到的、所聽到的，都引起我們很大的興趣，而且一個結果會喚起下一個疑問。我們希望比世界上任何人都早知道實驗的結果，因此廢寢忘食徹夜工作也絲毫不以為苦。經驗越是累積，工作的欲望越旺盛，而且漸漸了解怎麼做才能夠順利運作，從哪裡著力最為理想，優先順位為何等。於是工作效率明顯提高，不論做什麼事情都能得心應手。到此為止，一切順利。

不久之後，我們迫切的向世間顯示對工作多麼具有熱忱，工作也逐漸進入成熟期，外界也不吝惜給我們讚賞。鳥看起來優雅的擺動著翅膀。但這時鳥已經死亡，牠們內在的熱情已燃燒殆盡。

被稱為博士後研究員的傭兵

置身於日本大學的研究室，可以學到很多事情。在同一個單位待久了，必然對所有事物都熟悉，同時也感到厭倦。看起來研究是在組織內進行，但事實上，很多研究都是個人性的。要如何做，常取決於個人的愛好。因此我取得博士學位後決定赴美國求職。

美國大學的系統與束縛著日本大學的講座制度有很大差異。美國雖然有教授、副教授、講師等職稱，但是各個職位之間並沒有支配與被支配的關係。大家都是獨立的研究者，職稱純粹是研究經歷的差異。所謂獨立研究者，是指自己的研究經費必須自己募集。研究者的命脈就是財源。因此他們最優先的事項就是四處奔走，確保國家的研究預算與民間財團的捐款。經費是所有力量的泉源，不僅研究資金，連研究者自己的薪水也來自這裡。

大學與研究者的關係，極端一點的說，就像出租商辦的大樓與承租者的關係。大學從研究者募集的經費中取得一定比例的費用，另一方面，則提供研究空間、光熱通訊、維修、安全維護等服務，而且也提供大學的招牌。

我後來從紐約轉到波士頓哈佛大學醫學院的研究室，這種體制更為徹底。研究室空間的大小完全與募集的資金金額成正比。擁有充沛資金的研究者可獲得廣大的面積，新進研究者只能分配到沒有窗戶的小房間。萬一經費募集失敗，未能按時繳交費用，很快就被迫撤出。因為想要進入哈佛大學的研究者多不勝數，我待在哈佛的幾年間，流動速度非常快。很多新面孔來了沒有多久，實驗室又空出來，由意氣風發的新研究團隊取代。

我們這些博士後研究員，從某個角度來看是很辛苦，但從另一個角度來看又是很輕鬆的職業，因為我們只要專心研究即可。

博士後研究員可說是獨立研究者雇用的傭兵。美國的研究室基本上是由該研究室的獨立研究者與博士後研究員組成。後者是具有即戰力的人員，站在研究戰爭的最前線。這種關係也可說是鵜匠（漁夫）與鵜的關係。獨立研究者與博士後研究員之間，純粹是有期限的雇用契約關係。

博士後研究員的薪水相當低，我受雇時年薪大約二萬數千美元，現在大概也沒什麼改變。住在紐約或波士頓等大都市，房租就去掉了薪水的一半。

在這種狀況下，博士後研究員仍然不放棄研究工作，就是等待自己成為獨立研究者的一天。博士後研究員若能在數年間完成重要研究，展現自己的力量（透過論文來展示成果，作者為博士後研究員，最後由獨立研究者掛名，表示他為負責人），可以作為向獨立研究者邁進的極佳宣傳材料。科學雜誌的最後必定有刊登許多徵求博士後研究員的廣告，當然也有不少人應徵。換言之，這裡存在的至少不是捕章魚甕，而是像風一般流動性的市場。

研究室技術員史提夫

我也曾寫過多封求職信應徵，純粹是想離開京都盆地的潮濕，到紐約感受一下吹拂過街道的乾燥的風。我很幸運的獲得洛克斐勒大學的研究室雇用，在這裡，向我介紹各項設施、指導我做實驗的是研究室技術員史提夫·拉方吉。

我雖然是取得了博士學位的即戰力傭兵，但是乍到新的研究環境，對身邊的事物還是非常陌生。史提夫的年紀比我稍長，大個子，戴著黑框眼鏡，端正而且安靜，就像電影《超人》裡的克拉克．肯特。

由日本研究組織的身分制度來看，研究室技術員屬於非主流，無法像博士後研究員般期待某一天出人頭地，也無法指望獲得研究經歷，只是在研究中從事例行工作，永遠是研究室的技術員。

史提夫精通各種事情，而且很親切的一樣一樣指導我。他不像長年待在學校，靠經驗熟悉學校各項事務的工作人員，而是真正擁有豐富的專業知識。例如，他知道實驗反應的某個階段具有什麼意義，因此適合使用某廠牌較薄的試管；在ＤＮＡ中加入鹽和酒精會沉澱，因為鹽會先中和ＤＮＡ的負電荷，然後酒精會製造出渠道般的環境；或告訴我某本書的某一頁中有一覽表等等，令我咋舌。

史提夫並非不得已才擔任研究室技術員，而是主動選擇這項工作。他如果想要順著學院派的階梯向上爬，早已具備任何條件。他從美國東海岸的知名大學畢業，曾在藥廠的研究室工作，之後應徵洛克斐勒大學的這項工作，並一直待到現在。

研究室的「老闆」對史提夫的工作一直相當尊敬，只要有他參與的計畫，論文上一定將史提夫的名字列為共同作者。

有一次「老闆」告訴我：「史提夫非常優秀。現在的研究如果有進展，他可以取得博士學位，前途也非常光明。因此我經常鼓勵他，不過他自己卻沒有意願。」

史提夫與我特別投緣，或許他經常與別人保持一定距離的處事方式，跟因為語言障礙而很少與人交談的我很相似的緣故。

史提夫總是中午過後才來到研究室，手上拿著可樂和燻牛肉三明治，吃完中餐後才不疾不徐的展開我們的實驗。

史提夫告訴我要點和訣竅後，不知什麼時候又消失不見，留下我一個人繼續實驗。我是夜間工作型的人，其他研究員常笑我：「伸一好像是依照日本時間在工作。」其實我在日本的時候就是夜貓子了。

有一天到了約定的時間，史提夫還沒有現身。當天他要讓我看將噬菌體撒在培養皿內時的呼吸狀況。我一直在等他，但是卻久久不見他出現。有人看到我在找他，告訴我：「史提夫？他應該在談話室吧？」

洛克斐勒大學一樓有一間設有吧檯的沙龍式談話室，每週五黃昏時提供免費飲料，大學員工們會三五成群在這裡聊天。這一天並不是星期五。我來到中庭，望向談話室，史提夫果然在裡面。他專心彈著鋼琴，從室外只能隱約聽到琴聲，我默默的離開。

原來，克拉克有另一個身分，那才是他真正的面貌。史提夫每天下午結束洛克斐勒大學的工作後就前往格林威治村。「史提夫是個 ska（發源於牙買加，融合爵士、節奏藍調和當地傳統音樂的音樂）樂手。你知道他的團名嗎？叫作 Toasters。」在此之前，我完全不知道 ska，格林威治村、Toasters 等。

之後，我繼續在可以望見東河的古老研究室一角默默進行實驗。史提夫經常喃喃自語：「昨天實驗到天亮，現在還真想睡。」「走在大樓後面可能會遭人從背後搶劫。」我並沒有問過他有關音樂的事。其實，我並不想問，而且不論在任何狀況下，研究是個人的事，我認為應該互相尊重。

後來，研究室的「老闆」決定從紐約的洛克斐勒大學轉往波士頓的哈佛大學醫學院，我們這些博士後研究員也將研究室的設備和樣本一起運往波士頓。因為我受雇於他，因此沒有選擇餘地。「老闆」問史提夫要不要一起去，史提夫說不考慮離開紐約。他也很快就在洛克斐勒大學的其他研究室找到技術員的工作，以他的技術，相信不論到哪裡都會受到歡迎。當然，對於他的工作時間，他應該也會提出自己的條件。

數年前，大約在我離開洛克斐勒大學十年左右之後，我再度造訪洛克斐勒大學，我在學校服務台查閱電話號碼簿，裡面確實有史提夫・拉方吉的名字。我從他所屬的研究室外向內望，他果然不在。因為時間還不到中午。

穆利斯的傳說

除了技術員之外，博士後研究員同樣可以自由轉換研究室。幸好，美國是博士後研究員的廣大市場，流動性相當高。只要不過度挑剔，這確實是「可以從事自己喜愛的事，同時又能賺錢」的好方法。不需要費神張羅資金，在研究室內也無需管其他瑣事。雖然研究題目需依照「老闆」的指示，但是累積相當經驗後，研究員也可以摸索出自己的研究方法，輕易從主題中找出自己有興趣的新題目。

穆利斯（Kary Banks Mullis）一開始就不願受到研究員的束縛，也就是他想當一個所謂的自由人。他經常轉換研究室，有時甚至擔任速食店店員，或創作小說。我多次在他的家中訪問他，後來很榮幸的翻譯他的自傳《迷幻藥，外星人，還有一個化學家》（*Dancing Naked in the Mind Field*）。

在訪問中，我問他：「外界用古怪、特立獨行、傲慢等字眼來形容你，你認為最適合形容你自己的是哪一句話？」

他立即回答：「誠實。我是誠實的科學家。」

當穆利斯被認定是ＰＣＲ的發明者之後，有關他的傳言也接踵而至。

穆利斯是位衝浪愛好者；他服用過迷幻藥ＬＳＤ；他在很多職場中

都因為男女關係而辭職；他也曾在演講中離題而被趕下台；他被剝奪了ＰＣＲ的專利權，因此現在對 Cetus 公司仍然懷恨在心；他多次結婚、離婚；他認為愛滋病的原因並不是愛滋病毒……等等。

這些傳言都出自他的口中，因此大概都是真的。也就是說，他並沒有欺瞞，而是誠實的述說自己。

有關穆利斯的傳言，最傳奇的就是，他是在開車兜風約會的途中突然靈光乍現，發明了ＰＣＲ。這一瞬間得到的靈感使他獲得諾貝爾獎，他清楚記得當時的情形。

他早就知道生命的本質在於自我複製的能力，也了解ＤＮＡ由互補的兩條鎖鏈組成，而且能夠互相以對方為模板進行複製。他也知道複製是由稱為引子的較短ＤＮＡ開始，而且引子很容易以人工合成。其實在當時，幾乎所有的科學家都知道這些事情，但是早一步看到天蠍座中最亮的 α 星殘影的，只有穆利斯。

粉紅和白色的花在車燈照射下顯得相當淒冷。車外的空氣中，含著這些花散發出來的香氣。這是個適合七葉樹的夜晚，也是個即將發生大事的夜晚。

我駕駛著銀色本田喜美轎車，朝山上前進。握著方向盤的手，享受著通道路面和彎道時的感覺。DNA的鎖鏈扭轉、擺動著。分子之電子的影像呈鮮艷的藍色和粉紅色，浮現在路面中央。

車燈照著一棵棵路樹，但在我的眼中，卻像被解開的DNA。將這種夢想寄託於時空是我喜愛的做法。（中略）

在夜空中閃耀著的天蠍座α星，數小時前已落至山峰背後。今宵，我的心中正注視著像天蠍座α星般閃亮的火焰。（摘自《迷幻藥，外星人，還有一個化學家》）

穆利斯一面注視著車窗，一面思考著如何才能從三十億個文字的基因組DNA排列中找出特定的序列。先合成帶有特定排列的較短DNA（又稱為寡核苷酸、引子），再將它與基因組混合，於是從它與引子結合的地方合成互補性的ＤＮＡ。他最初認為「不斷反覆」這種反應的話，可製造出多拷貝的互補性ＤＮＡ。

但是，引子能夠結合的地方依程度的差異不只一處，推測至少有一千處。不完全結合的地方會複製出非目的的ＤＮＡ。換言之，使用這種方法，對訊號的雜音比例過大。有沒有方法能夠提高精確度呢？

突然之間，我想到了一個方法。假設與一個寡核苷酸結合的地方，在三十億個核酸中可找出一千處。這樣的話，使用另外一個寡苷核酸，再選擇一次即可。事先設計在第一個寡苷核酸結合的地點下游，與第二個寡核苷酸結合。第一個寡核苷酸先選出一千個候補地點，第二個寡核苷酸再從其中選出一個正確地點，之後只要利用ＤＮＡ自我複製的能力即可。（中略）

「成功了！」我放開油門，車子停在下坡彎道的路肩。旁邊崖壁上的七葉樹覆蓋在車上，而且樹葉摩擦到珍妮佛所坐的副駕駛座的窗子。（中略）已睡著的珍妮佛稍微移動了一下身體。（中略）珍妮佛喃喃說道：「趕快走吧！」我向她說：「我發現了一件了不起的事！」珍妮佛打了個哈欠，頭靠在窗戶上再度睡去。

我的車停在一二八線公路七十五公里處。即將到來的PCR時代的黎明就在我的前面。（同前書）

6

DNA 的黑暗面

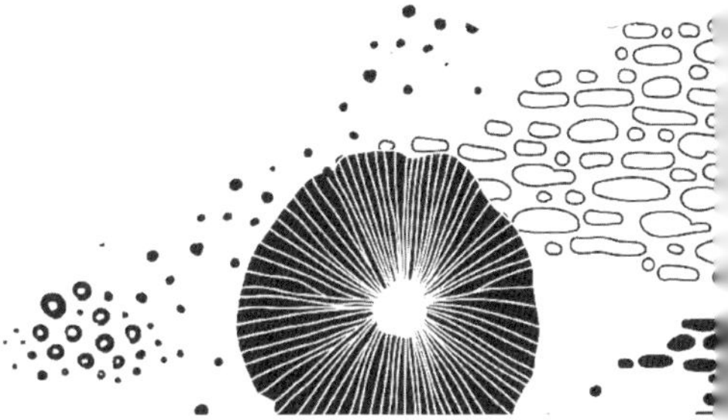

同行論文評審

某個發現是大發現、中發現還是小發現，或是毫無意義，到底是如何決定的？

可以說是由歷史來決定。但假設現在有一位沒沒無聞的新人向科學雜誌《自然》提出一篇列著許多難解方程式的論文，雜誌必須立即判定此論文的價值，以決定是否刊登在下一期雜誌上。若經過評估之後，決定不刊登而將論文退還作者，那麼這位新人或許會再將論文投稿至競爭對手《科學》雜誌。《科學》刊登後，證實它確實是一項大發現，那麼《科學》雜誌的價值必然大幅提高。而且如果這位新人日後成為大學者，逢人必定會說：「最初《自然》雜誌並不認同我的大發現。」

發現費瑪最後定理的英國數學家懷爾斯（Andrew Wiles），他的偉大發現就是因為媒體的報導而廣為人知。但這畢竟是二次資訊帶來的二次價值判斷。不但在他當初發表時幾乎無人理解，即使在今天，能理解的人也不多。

這種情形在今天細分化的所有專門領域都可能發生。問題即在於能夠判定某種研究成果之價值的，除了本人之外，只有極少數同業。

不僅《自然》或《科學》等著名科學雜誌如此，所有可供發表論文的專門雜誌，幾乎都以「同儕評審」（peer review）的方式來決定是否採用論文。peer 就是指同行，當雜誌接到某個專門領域的論文投稿，編輯委員會首先會請該領域的專家，亦即投稿者的同行來審查論文。同行專家依論文的新意、實驗方法、推論的適切性等來判定論文的價值，並將評分交給編輯委員會。委員會再根據此意見來決定是否刊登論文。為了避免關說或人情，擔任評審的同行人選是編輯委員會的秘密，論文作者並不知情。

對研究者而言，論文能否被自己期望的雜誌採用，是攸關死活的大事。因為除了發現的優先權之外，升遷、研究經費的取得等，全依發表的論文（經過同儕評審的公正判斷後刊登在專業雜誌上）的質與量而定（大多數狀況僅根據量的多寡）。

因此，所謂研究者的「業績」，通常是指刊登在專業雜誌上的論文數。至於發現或發明的優先權，不論你如何強調自己也同樣主張或是自己也有相同構想都沒有用，只有最先發表論文的人能夠取得研究成果的權利。有時甚至前後僅有數星期或數日之差。

對於過度細分化的專門研究，匿名的同儕評審是盡可能公正判定的唯一有效方法。但是同行相互判定，也隱藏著不可避免的問題，因為，在激烈競爭「誰是最初發現者」的狹窄專門領域內，同行往往正是競爭對手。

無可避免的誘惑

假設你獲選擔任同儕評審（專門雜誌的編輯委員會認定你是此領域的權威，相信你會欣然同意），審查某一篇論文。

看了送來的論文，你吃了一驚，因為這是與你相同研究領域，而且是你最關注的競爭對手F教授的團隊所撰寫。論文內容正是你悄悄進行中的研究，但F教授領先你一步完成，研究結果非常成功，甚至列出了你的研究團隊尚未了解的重要資料。

在這種狀況下，即使是天使也可能墮落。你到處挑剔論文的小毛病，回覆編輯委員會時指出，若要採用的話，必須改良圖表或追加某些實驗等，以盡可能拖延時間。另一方面則趕緊將重要資料交給下屬，催促他們加速完成研究。之後再向別的專門雜誌提出論文，或許可以搶在F教授之前發表。即使是最壞的情形，也可以裝作「幾乎在同時」得到相同的結論。

當然這是違反規則的做法，等於剽竊資料。但是同儕評審是由同行相互評審的制度，很難做到完全中立，也無法排除在評審過程中獲取他人資料的可能。過去，不論明的或暗的，不公正現象如影隨形的跟著同儕評審卻也是不爭的事實。

為了防止這種情形，可同時委託兩人以上進行評審（這樣即使與論文執筆者有直接利害關係，也可稀釋對立。一篇論文通常會委託三人審查，以供編輯委員會參考不同的意見），論文執筆者也可以要求「勿委託直接的競爭對手進行評審」（編輯委員會是否接受則另當別論）。當然這樣還不夠，因為編輯委員會大多由同業互選組成，若其中有利害關係者，依然可能產生各種弊端。

或許有讀者認為，不讓評審者知道論文執筆人是誰，是否可以提高一些公正性？就像大學入學考試，閱卷者不知道考生的姓名一樣。不過，論文會顯現研究者的個性，即使塗掉作者的名字，從遣詞用字、主張、引用的文獻等，立即可以判斷出作者是誰。畢竟研究者的世界非常小。

有關二十世紀最大發現的疑惑

這裡就有一個微妙且耐人尋味的案例。那就是有關二十世紀最大發現，亦即華生和克里克發現的雙螺旋結構的疑惑。

我在前面將生命定義為「能夠自我複製」，它的基礎就是能互相複製對方的ＤＮＡ雙螺旋結構。艾佛瑞指出，ＤＮＡ是將遺傳資訊從細胞傳遞給細胞，從上一代傳給下一代的物質本體。調查構成ＤＮＡ的四種核苷酸，已知Ａ（腺嘌呤）的含量與Ｔ（胸腺嘧啶）的含量永遠相同，另一方面，

G（鳥糞嘌呤）的含量則與C（胞嘧啶）相同（查加夫法則）。但是，誰也沒有注意到這個事實所顯示的意義。

華生與克里克很了不起的將分散的拼圖碎片組合起來，發現了DNA的結構，並寫成僅僅千字的論文，刊登在一九五三年四月二十五日的《自然》雜誌上。

論文還附有由糖與磷酸構成的兩條鎖鏈呈螺旋狀纏繞，而且A與T、G與C在其內部規則成對的模型圖，完全確認了查加夫法則成立的原因，同時還暗示了相互呈「互補」關係的兩條螺旋的自我複製機制。大家都被此吸引，但是注意到此圖中包含了解DNA雙螺旋結構重要關鍵的人並不多。

形成螺旋狀纏繞的兩條鎖鏈旁邊畫有小箭頭，箭頭呈相反的方向。確實，DNA鎖鏈中有化學方向性，而且有頭與尾。構成雙螺旋的鎖鏈並非朝向相同方向，而是朝向相反方向纏繞著。這樣內部的核苷酸對才能像螺旋梯的階梯般，呈一面扭轉，同時保持相等間隔距離的結構。

而且，由於化學方向性呈相反走向，被兩個短的引子包夾的DNA斷片，每次複製就增加二倍、四倍……穆利斯的發現也說明了它的基礎在此。

那麼，是什麼使華生和克里克注意到DNA螺旋的逆平行的呢？因為他們暗中洞悉了某個重要線索。

富蘭克林的X光解析

我現在手中有一張照片，那是英國女科學家蘿莎琳．富蘭克林（Rosalind Elsie Franklin）的照片。她穿著樸素的上衣，顯得相當端莊。由於是黑白照片，因此看不出她的髮色，應該是接近黑色的深棕色，在燈光下映出美麗的光澤。她的目光投向遠方，淺淺的微笑中帶著一抹憂鬱。

富蘭克林一九二〇年生於英國一個富裕的猶太家庭。九歲時就被嚴格的雙親送去寄宿學校，讓她盡可能接受最好的教育。天資聰穎的她很早就對數理科目產生興趣，並順利進入劍橋大學。

當時，劍橋大學剛同意女子學生和猶太人入學不久，因各種陳年陋習，男學生和女學生依然被阻隔。富蘭克林並未受到影響，自動自發的努力求學，成績一直名列前茅。大學畢業後直接進入研究所，並獲得劍橋的物理與化學博士學位。

她的專門領域為 X 光結晶學，亦即用 X 光照射未知物質的結晶，波長較短的 X 光會依物質的分子構造發生繞射，再將這種繞射的形態記錄在感光紙上。雖然影像看起來就像星星散布在天象儀的上空，但以特殊的數學方法來解析，即可能得到物質分子結構的線索。富蘭克林在劍橋大學度過的二十世紀前半，就是 X 光結晶學起步的黎明期。

取得學位後，富蘭克林前往法國留學。第二次世界大戰結束，歐洲逐漸恢復平靜，富蘭克林於一九五〇年秋天在倫敦大學國王學院獲得新的研究工作。其後的二十幾個月，許多的幸運與不幸都降臨在她的身上，並影響到周遭。

她在倫敦國王學院的研究主題為利用 X 光來解析 DNA 結晶。這時，艾佛瑞的發現，亦即 DNA 才是遺傳物質，終於受到廣泛肯定。於是她將下一個目標設定為了解ＤＮＡ本身的結構。除了富蘭克林之外，其他研究者也紛紛展開行動，希望搶得先機。有的人大張旗鼓，有些人則悄悄進行。

當時還不到二十五歲的美國人華生也來到富蘭克林的母校劍橋大學。華生在此與克里克相遇，兩人意氣相投。不過當時這項研究的資訊相當有限，有關核甘酸之組成的查加夫法則是唯一的線索。

歸納與演繹

但是富蘭克林處於與這些喧囂完全隔離之處。她單純的以自己的手法，在利用Ｘ光解析物質結構的領域中，腳踏實地的進行研究。

後來在她的手記或私人信件中，並沒有發現她因為確認了ＤＮＡ生物學上的重要性而進一步研究的記述。對她而言，ＤＮＡ只是一種材料而已，而Ｘ光結晶學則是必須經過反覆實驗才能有所進展的工作。

首先，作為實驗材料，必須有高純度的ＤＮＡ。其次，必須將它結晶化。結晶化並沒有什麼理論，到二十一世紀的現在依然相同。就是反覆嘗試錯誤，以找尋結晶化條件。在某種意義上，X光結晶學成功與否的關鍵全在這裡。為了獲得照射X光後混亂形態的資料，需要製作出大型而且美麗的結晶。解析繞射形態的數學作業不是簡單的事。今天，這種極為複雜而困難的計算已有電腦軟體可以代勞，但是富蘭克林在當時只能完全用手計算。

她只打算「歸納」式的解析DNA的結構，看起來沒有一點野心和勇氣。就像玩填字遊戲或最近流行的數獨遊戲般，一格一格慢慢填滿，最後呈現出來的整體面貌就是DNA的結構。這裡不需要跳躍式思考、靈感或偶然，只要不斷的累積個別資料和觀察事實。克制自己避開模型化或圖像化的解法，徹底貫徹歸納。實際上，對她而言，其他解法根本不存在。

富蘭克林腳踏實地的進行她的工作。著手之後的大約一年之間，她了解了DNA依水分含量的差異，存在著「A型」與「B型」兩種形態，並找出了區別它們及結晶化的技巧，而且也成功的將X光正確照射在各個微小的DNA結晶上，並拍攝出X光繞射模式的美麗照片。她並未將這些資料公諸於世，而是獨自進行數學的解析。富蘭克林自己並沒有發現，她的歸納法距離解開ＤＮＡ結構之謎的偉大成就僅僅咫尺之遙。

另一方面，華生和克里克則採取典型的演繹手法來探索ＤＮＡ結構。這是靠某種靈感或特殊的直覺，先思考圖像再追求正確答案的方法。由於急於獲得結論，因此會出現無視於對自己主張不利之資料的傾向。但相反的，大膽的做法也可能打破舊的習慣，開拓出新世界。

華生和克里克並不打算自行實驗來收集資料。取而代之的是，他們將紙板和鐵絲組合成分子模型，每天一面操作模型，一面反覆討論各種可能。他們認為，ＤＮＡ具有生命的遺傳資訊，因此必定具備自我複製的構造，而且也應該具備滿足查加夫法則的規則性。

但即使使用演繹法，還是需要作為思考基礎的資料與觀測事實。不料，他們卻得自意外之處。

偷偷複製X光照片

富蘭克林認為自己是獨立的研究者，ＤＮＡ的Ｘ光結晶學也是自己的研究計畫。但是，曾經與她一起在倫敦國王學院從事DNA研究的威爾金斯（Maurice Wilkins）認知卻與她不同。威爾金斯將她視為下屬，並認為自己才是DNA研究計畫的統籌者。對X光結晶學並不專精的威爾金斯期待富蘭克林的加入能有助於推動自己的計畫。這種認知上的差異成為不幸的開端。

不允許曖昧與妥協的富蘭克林在研究所內經常與威爾金斯衝突，有一次甚至要求威爾金斯不要插手DNA的研究。威爾金斯對兩人的摩擦感到相當頭痛。

威爾金斯和富蘭克林所屬的倫敦大學國王學院，與華生和克里克所屬的劍橋大學凱文迪斯研究室，在DNA結構的解析方面處於競爭關係。不過雙方在私下卻相當友好，尤其是克里克和威爾金斯年紀相仿，是多年好友。威爾金斯與克里克經常一起吃飯，並對富蘭克林的態度表示不滿。威爾金斯背地裡更稱富蘭克林為「Dark Lady」。

這裡有三本書，第一本是華生寫的《雙螺旋》（*The Double Helix*），第二本是克里克的半自傳《狂熱的追尋》（*What Mad Pursuit*），第三本則是威爾金斯寫的《第三人的雙螺旋》（*The Third Man of the Double Helix*）。

一九六八年，華生的《雙螺旋》成為科學讀物中少見的大暢銷書。他以直接的筆觸赤裸裸的描述參與ＤＮＡ結構研究的科學家們的不安、焦躁、猜疑、嫉妒等心態。人們對這種爆料式的書感到興趣。

但是書中記載了多數讀者沒有注意到的事實，那就是這本書並不公正。只有作者華生本人躲在「天真無邪之天才」的安全地帶，對其他人的描述則過度戲劇化。曾有多位相關人士提出異議，連他的搭檔克里克也不以為然。其中最不當的，就是有關富蘭克林的敘述。他稱富蘭克林為威爾金斯的「助手」，並將她描寫成難搞、歇斯底里，連實驗資料的重要性都沒有察覺的「Dark Lady」。

另外，他還若無其事的記載了一項重要之事。華生有一次訪問倫敦大學，與富蘭克林發生嚴重爭論，因為此事，華生與威爾金斯組成「受害者同盟」，急著打開僵局。威爾金斯透露了其中的秘密。

原來，威爾金斯偷偷複製了富蘭克林所拍攝的DNA結晶的X光照片，這張照片顯示出DNA的三次元狀態。

我問他X光照片是什麼樣子，莫里斯（威爾金斯）從隔壁房間拿來一張他們稱作「B型」結構照片的拷貝。

我記得我看了照片後瞠目結舌，心裡像晨鐘般震撼。（中略）照片中最令人印象深刻的是，只有螺旋構造會產生黑色的十字反射。（摘自《雙螺旋》）

7

機會是留給準備好的人

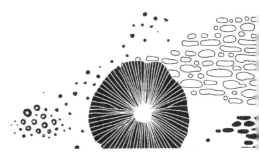

威爾金斯的說法

經過訓練的醫師只要觀察胸部X光照片，就能找出結核的細微線索或足以懷疑可能是癌症早期的陰影。但在一般人眼中，只看到模糊的雲霧狀白色影像。

實際上，醫師將X光片掛在看片箱上時，與其說他所診斷的是胸部影像，不如說是驗證預先藏於心中的「理論」罷了。如果是結核，左右肺下部的前端應可看見少量的積水痕跡。若是癌症，則會出現與正常狀況不同的毛細血管。他們眼中已預先背負了這樣的「理論」。

數值、圖表、顯微鏡照片、X光片……確實可以客觀的看到科學資料。但是，看到A資料的觀察者未必能看到完全相同的客觀事實。百聞不如一見，但此「一見」帶來的結果卻不同。資料到底意味著什麼？最終的輸出通常以語言來呈現。而編織出這種語言的，即為「背負理論」（theory-ladenness）的過濾器。

當華生看到以不正當手法取得的富蘭克林拍攝的DNA資料時，他已有多大程度的「準備」，或是「背負理論」？他在自傳《雙螺旋》中描述了威爾金斯暗中讓他觀看X光照片，了解資料意義的瞬間，如同被閃電擊中，受到極大衝擊的情景。

「看到照片時，我瞠目結舌，心臟快速跳動。」

真是如此嗎？不論有意或無意，這似乎是後來編造出來的發現過程。當時，華生和威爾金斯對X光照片應該尚未專精至能夠立即解讀出背後意涵。閱讀威爾金斯的自傳即可了解這一點。為了公平，也來聽聽被描寫為洩露資料者的威爾金斯的說法。

這一段盜用富蘭克林X光照片的插曲，華生在上述自傳中有公開陳述，之後，美國著名生物學家賈德森（Horace Freeland Judson）在生動描述基因研究全盛期的著作《創世第八天》（*The Eighth Day of Creation*）中也有辛辣批判。威爾金斯對此事相當痛心，但是一直保持沉默。直到最近才在著作《第三人的雙螺旋》中吐露心聲。

威爾金斯在書中陳述，「盜用資料」一事被繪聲繪影的描述，使他受到很大的傷害。實際上，他也承認讓華生觀看了富蘭克林的X光照片。不過他回顧說，這是他自己的輕率，但絕非任意盜用，而是間接獲得了富蘭克林的同意。

這部分非常微妙。當時，富蘭克林因為疲於應付與威爾金斯之間的爭執，決定轉換研究室。富蘭克林之下有一位接受她指導的研究生葛斯林，富蘭克林離去後，葛斯林勢必轉而接受研究室主管威爾金斯的指導。於是，威爾金斯有權閱覽富蘭克林與葛斯林共同獲得的資料，富蘭克林也同意這一點。

《第三人的雙螺旋》中，威爾金斯回顧華生看到這張照片時的情景。看完之後，華生急於離去，威爾金斯並沒有料到這些資料提供華生關鍵性的資訊，他也未察覺華生看了這些資料後有受到衝擊的表情，當然更不知道華生怦然心動，至少書中沒有記載華生驚訝的反應。

誰具備了「準備好的心」

富蘭克林拍攝的ＤＮＡ結晶Ｘ光照片，後來被評價為了不起的資料。但是僅僅一瞥，只能看到許多黑點向四方飛散般的抽象影像，比胸部Ｘ光片更難理解。要了解它的意義，必須花很大的工夫進行數學轉換和解析。很難相信華生只看一眼就能辦到。假設威爾金斯具備「背負理論」，能夠充分掌握資料的意義，應不至於輕易將如此重要的資料提供給競爭對手看。

出現在這齣戲裡的人物中，對Ｘ光結晶結構解析最有「背負理論」的，反倒是學物理出身，已具有蛋白質Ｘ光資料解析經驗的克里克。

然而克里克在自己的著作《狂熱的追尋》中寫道：「我在當時並沒有看過那張照片。」這話恐怕有點疑問。

克里克擁有「自由靈魂的閱歷」，在這本自傳中，他與華生過於誇大的《雙螺旋》論調完全不同，僅誠實而淡淡的敘述。解開ＤＮＡ螺旋結構之謎的部分，也低調而謹慎的記載。令人驚訝的反而是他之後的思考，亦即他透過思考實驗，預言為了結合基因（DNA）與蛋白質的胺基酸這兩個不同的密碼，還需要轉接子作為資訊橋樑，以及接轉子應具備的性質。

之後，克里克藉著精密準確的觀察，相繼發現了從DNA拷貝資訊然後送出的「信使RNA」，以及使核酸的基因暗號與胺基酸一對一結合的翻譯元件「轉運RNA」。這是生物學領域中以實驗實證來證明理論預言的罕見成就。

克里克平靜的熱情

克里克發現DNA結構以前，對於各種研究並沒有太大興趣，甚至可說帶著抗拒的心理進行著。在倫敦大學專攻物理學的他，在實驗室中被要求從事施加壓力和高溫，然後測定水的黏性變化的研究。第二次世界大戰開始後，他配屬於海軍，從事有關機械水雷的軍事研究。

戰爭結束後，他終於進入基礎研究聖地劍橋大學凱文迪斯研究所，但是在這裡他被要求的研究卻是從馬的血液中抽取名為血紅素的蛋白質，並分析它的結構。這並不是他真正想研究的主題。他希望挑戰的是能揭開長期神秘面紗，而且與眾不同的課題。

向日本闡述「自私的基因」理論而知名的竹內久美子，在她的著作《愚蠢！基因與神》中就有一章就與克里克有關。姑且不論她的理論如何，但對克里克的讚揚卻非常動人。她讚賞克里克雖然繞了不少遠路，但所隱藏的平靜的熱情卻始終朝向未解之謎。前面提到「自由靈魂的閱歷」一語就是引用她的文章。她的書中還有下面一段。

《狂熱的追尋》原書名為 What Mad Pursuit，直譯的話應是「為何狂熱追尋？」這句話來自英國浪漫詩人濟慈的詩。不過日文翻譯本卻將書名取為《瘋狂探究的日子》。

原本很生動的書名，被譯得平凡無奇。儘管竹內久美子的這本著作成為長銷書，再版不斷，卻始終沒有引起出版社更改書名的打算，因此我不得不說，我無法接受這樣的「直譯」。

首先是句子的結構，不論如何思考，「瘋狂探究的日子」都不可能是感嘆句。它源自濟慈著名的頌詩〈希臘古甕頌〉（Ode to a Nightingale），ode 是希臘古代劇中詩歌的一種形式，由詩人向古甕詢問。換言之，它是疑問句。意思應為「為什麼要狂熱的追究（它）？」當然，對克里克而言，「它」就是生命最神秘的基因之謎。退一步想，就算克里克引用時未將它視為疑問句，但 what 等於 something，因此也可解讀為狂熱追求的是什麼東西，這與一生不斷思索的克里克或許較為吻合。

之後，他走上科學行政之路，與主導基因組計畫等研究、並成為大科學家的華生不同，克里克終生貫徹著研究者的身分。

從洛杉磯往墨西哥方向，沿著太平洋岸南下，經過大約兩個小時即可到達拉荷雅（La Jolla），這是個位於淺山丘陵地帶、能眺望大海的小鎮。這裡到了冬天依然蝴蝶飛舞，整年百花盛開，很多功成名就的人從美國各地聚集至此享受餘生。陣陣浪花打向海岸的拉荷雅海灘，也是衝浪愛好者的天堂。

西班牙語意為「寶石」的拉荷雅，顧名思義，在燦爛的陽光照射之下，散發寶石般的美感。

拉荷雅北部面海的小丘陵上，設有沙克生物學研究中心，這是世界最權威的生物學研究所之一，過去原為「私人」機構。它的周圍都是布滿砂礫與岩石的荒地，令到訪者對它屹立的位置感到意外。

這棟由美國現代建築大師路易．康（Louis Isadore Kahn）設計，以木材與未修飾的混凝土建成的低層建築，就像中世紀時的修道院般，以中空的天井為中心，呈迴廊狀配置。天井是沒有任何植物的石板，只有面向太平洋處有開口，貫穿天井的水道筆直的向海與水平面的境界延伸。路易．康稱此為「朝向天空的正面」。聚集在沙克研究中心的世界頂尖研究者們，就像從這個開口處日夜不停的向全世界傳送新的資訊。

我有一次訪問沙克研究中心，參觀完建築內部後來到自助餐廳小憩。我坐下後轉頭往旁邊一看，那不是克里克嗎？他一個人坐在離大家有一段距離的地方，靜靜的喝著咖啡。研究員們三三兩兩聚集在一起談笑，誰也沒有注意到克里克。或許這正是這裡表示敬意的一種方式吧。

克里克離開英國後就來到沙克研究中心，已有相當長的一段時間。他在這裡從事著年輕時就懷抱著的另一個夢想——解析腦部之謎。相隔很遠的神經細胞為什麼能同步活動？也就是大腦的結合問題。這個難題，對於已解開了DNA之謎的克里克而言是下一個挑戰。關於生命現象中的同步問題，我們有機會再來討論。

我並沒有與近在咫尺的克里克交談，只是對於這次偶然相遇感到幸運。克里克於二〇〇四年在此結束他的一生。

螺旋結構的真相

言歸正傳。克里克的自傳中存在著一個他刻意避開的事實。這一點在了解DNA結構上具有決定性的關鍵，而且也浮現了由科學家來評價其他科學家的「同儕評審」的缺點。克里克在富蘭克林完全不知情的狀況下，看到了她有關DNA的資料。

富蘭克林在一九五二年，曾向英國醫學研究機構提出自己的研究資料作為年度報告。英國醫學研究機構是提供富蘭克林研究資金的公家機關。通常，研究者對於資金提供者有義務提出研究成果報告，該成果也關係著是否能繼續獲得資金。因此，富蘭克林必然竭盡所能的將所有成果列入報告書中。

不過，這並非學術論文，因此不需接受嚴密的同儕審查，亦即由相同專業領域的科學家來審查論文的價值，也不必公開發表。相對的，研究者則可將未發表的資料或正在研究中的試驗性資料納入其中。研究報告由掌握著英國醫學研究機構預算權限的成員過目，這意味著此報告書與研究論文同樣還是得接受同儕審查。

英國醫學研究機構的審查成員中有一位科學家裴路茲（Max Ferdinand Perutz），他是該機構的委員，以前在克里克所屬的劍橋大學凱文迪斯研究室中曾是克里克的指導教授。富蘭克林向英國醫學研究機構提出的報告書影本先送到裴路茲手中，然後裴路茲再交給克里克。因此克里克可以看到富蘭克林的研究資料，而且是仔細的，不受任何人打攪的。

這份報告書對華生和克里克而言，是可遇不可求的珍貴資料，裡面除了第一手資料外，還有富蘭克林親手測定的數值和解釋。也就是說，這如同取得了交戰國家的密碼解碼表，內容清楚記載了有關DNA結晶之單位晶格的解析資料。根據此報告，應可解讀出DNA螺旋的直徑和周長，以及其間有幾個鹼基呈階梯狀排列。而且，報告書中還有一段看似普通，卻具有極重要意義的敘述。

「DNA的結晶結構是C2空間群。」

這句話直接進入克里克「準備好的心」，就好像拼圖遊戲的最後一片拼圖。所謂C2空間群，是指兩個構成單位以相反方向形成點對稱排列時才能成立。蛋白質血紅素的結晶呈C2空間群，在克里克心裡已建立起牢固的背負理論，他對這種血紅素的結構解析早已熟悉。

Chance favors the prepared mind. 機會是留給準備好的人。在克里克身上就應驗了法國微生物學家巴斯德（Louis Pasteur）所說的這句話。

「兩條DNA鎖鏈朝向相反方向互相纏繞！」克里克立即這樣解釋。這時，A與T、G與C的鹼基對，在與鎖鏈走向呈九十度的平面上，正好容納在DNA螺旋的內部。相反方向成對的DNA，複製也呈相反方向進行。穆利斯的PCR也是成立在這個理論上。所有的關鍵就在此。

或許華生和克里克面對此報告書，才真正相信自己的模型是正確的，於是立即將論文送交《自然》雜誌。

但是，正在接受審查，而且包含有未發表資料在內的報告書，如果在研究者本人完全不知情的狀況下被悄悄送至競爭者手中，後來更成為世紀大發現的關鍵，這是研究上嚴重違反規定的事。這份報告書是裴路茲主動交給克里克的，還是在克里克或華生要求之下交付的？裴路茲於一九六九年在《科學》雜誌上曾辯解說：「當時我還不夠熟悉，對事務的處理過程也不了解。而且，報告書並非秘密，我認為沒有不提供的理由。」

發現ＤＮＡ結構大約十年後的一九六二年年底，達成這項成就的三位科學家光榮現身在斯德哥爾摩舉行的諾貝爾獎頒獎台上，他們是華生、克里克以及威爾金斯，三人因為了解了ＤＮＡ螺旋結構而獲頒諾貝爾醫學及生理學獎。另外，頒獎台上還坐著在蛋白質結構解析方面受到肯定的裴路茲，他獲得了化學獎。這意味著所有「共犯」都齊聚一堂。

真正最有貢獻的富蘭克林反而不在場。她並不知上述幾位科學家獲得諾貝爾獎，甚至不知道自己的資料對他們的發現扮演了關鍵性的角色，因為她在他們獲獎四年前的一九五八年就因為癌症而去世，年僅三十七歲。

她的研究題目後來從ＤＮＡ改為菸草鑲嵌病毒，去世之前仍在進行研究。當時她幾乎已了解了菸草鑲嵌病毒的立體結構。工作上不允許演繹式跳躍邏輯的她，仍堅持以完美的歸納手法來建構。因為這就是她的風格。

病毒以螺旋狀的ＲＮＡ為中心，蛋白質的次單位一面描繪出旋轉弧形，一面向上堆積，形成圓柱構造，包圍著ＲＮＡ。如同螺旋梯般，旋轉卻又不會回到原來地點，非常規則的不斷上升。

關於她的死因另有一說，就是她在未防護之下照射了過多的Ｘ光，致使她英年早逝。

薛丁格的疑問

華生、克里克、威爾金斯之所以會想要探究生命之謎，有一本書對他們具有啟發作用。那就是物理學家薛丁格所著的《生命是什麼？》（*What is Life?*，一九四四年）。日本於一九五一年推出日譯本，成為長銷書。這本書相當薄，是一本小品著作。

請讀者先將一九四四年這個年份置入腦中。在華生與克里克發現雙螺旋結構的大約十年前，紐約洛克斐勒醫學研究所的艾佛瑞正好在這一年發表他認為ＤＮＡ是遺傳物質的研究報告，但是並未獲得世界科學家認同，當然物理學家薛丁格也不知道。

薛丁格是二十世紀初期與愛因斯坦並列的天才理論物理學家。他在三十八歲時提出名為〈特徵值問題之量子化〉的論文，他的薛丁格方程式非常有名。今天，理科的大學生第一學年都會先學習他的基礎理論，然後再開始其他課程。在物理學方面非常傑出的薛丁格為什麼會探究生命現象呢？

薛丁格於一九三三年獲頒諾貝爾物理學獎，但是當時他已離開理論物理學的「現場」。原因是，他對自己建立起基礎的量子力學的不確定性和非連續性的概念，抱著強烈的疑問和不信任感，因此毅然放棄。他在「薛丁格之貓」的實驗中提出的「矛盾」，正是他本身對不確定性原理的自然理解所產生的對立。

一九三〇年代末期，他隱居至愛爾蘭的都柏林，完全脫離主流學界。《生命是什麼？》一書是一九四三年二月，第二次世界大戰正激烈之時，他將都柏林高等學術研究所主辦的一連串公開講座的講義彙整而成。

他認為物理學今後應理解的最複雜、最不可思議的現象，就是生命。雖然如此認為，但他的真意卻正好相反。生命現象並不神秘。生命現象應該完全可以用物理和化學的語言來說明。《生命是什麼？》正是他宣揚此主張的著作。年輕的華生、克里克、威爾金斯相信都可感應到這種平靜的熱情。

薛丁格在《生命是什麼？》中提出了兩個重要的問題。第一個是預言，基因的本體應該是非週期性結晶，第二個是聽起來有些奇妙的問題，即「原子為什麼如此微小？」

8

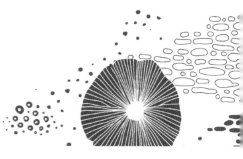

原子
產生秩序之時

小貝殼為什麼美麗？

夏天，走在海邊的沙灘上，腳下遍布著無數的生物和非生物。我拾起側面有多條美麗花紋的小石子，拿在手上觀賞了一會兒後又將它丟回沙灘，突然發現它的旁邊有一顆顏色幾乎相同的小貝殼。雖然已經失去了生命，但我知道它確實曾有生命在運作。小貝殼和小石子的決定性差異是什麼？

「生命是自我複製的系統。」

生命的根幹為基因，科學家發現基因的本體為ＤＮＡ分子，並了解它們的結構後，為生命下了這樣的定義。

貝殼確實是貝類的ＤＮＡ帶來的結果。但是，現在我們看到貝殼時感受到的質感，卻是一種不同於「複製」的形態。小石子和貝殼都是原子聚集而形成的天然造形，也都非常美麗。不過，小貝殼散發出來的硬質光輝，帶有小石子所不具備的美感。這是秩序帶來的美，只有動態的物體才能散發出的美。

動態的秩序，這或許是另一個能夠定義生命的準則。為了思考這一點，必須將時間和地點回溯到ＤＮＡ世紀開始的一九五〇年代。

前面曾敘述，從事ＤＮＡ結構解析的華生、克里克、威爾金斯都是受到一本書的啟示。這本書是量子力學先驅薛丁格於一九四四年隱居愛爾蘭都柏林時，將講座講義彙整而成的《生命是什麼？》

但最鼓舞華生等人的，是薛丁格概括性的預言：「生命現象最終都能用物理或化學的語言來說明。」華生等人應是進入五〇年代以後才閱讀《生命是什麼？》一書。這本書執筆時，有關基因的了解還不多，物理學家薛丁格在生物學方面的知識也有限。

提到一九四四年，這正是紐約洛克斐勒醫學研究所的艾佛瑞經過深入研究，發表論文指出基因的本體並非過去所認為的蛋白質，而可能是核酸的一年。連同事對此都抱著懷疑態度，幾乎所有的生物學者也未注意到這個發現的重要性，當然也不太可能傳至遠在都柏林的薛丁格耳中。薛丁格的意見在一般物理學家眼中，也不過是概念性的思考實驗而已。

不過，當華生和克里克發現基因的本體是去氧核糖核酸（＝DNA），它的雙螺旋構造證明了基因的複製機制，顯示薛丁格的預言是了不起的成就。

原子「平均」的動態行為

《生命是什麼？》的開頭處，薛丁格提出了下面的問題：

「原子為什麼如此微小？」

這個奇怪的問題有什麼特別的意義？它與生命現象又有什麼關係呢？

確實，每一個原子非常渺小。原子的直徑大約一至二埃，所謂埃，是指百億分之一公尺。主宰生命現象的最小單位細胞，直徑約三十萬至四十萬埃，一個細胞就可包含無數個原子。

薛丁格說明了有關原子大小和生物大小的事實之後，話題一轉，提出了鮮明的問題。

原子為什麼如此微小？

這確實是有點狡猾的問題。因為，我的問題其實不是原子的大小，而是生物體的大小，特別是我們本身身體的大小。（中略）

問題的真正目的，是探究我們身體的大小和原子大小兩個長度的對比，以獨立的存在而言，毫無疑問原子比較早，若思考這一點，前面的問題應該是，與原子相比，我們的身體為什麼需要這麼大？

之後，薛丁格舉了幾個例子來顯示原子的「動態行為」不斷被完全無秩序的熱運動操弄的狀況。

其中之一是布朗運動。我們無法直接看到原子本身的動態，但是小而輕的粒子，例如浮在水面的花粉或飄在空氣中的霧（微小的水滴），就可以透過顯微鏡來追蹤它們的動態，發現這些粒子持續不規則的運動，稱之為布朗運動。

微粒子被周圍看不見的原子（正確的說，花粉被水分子，霧被氣體分子）

推擠而不斷晃動。不過，霧的水滴會被重力吸引，全體平均而緩緩的朝地表落下。他特別提醒注意這裡「平均」的概念。

薛丁格舉的另一個例子是擴散。他的說明有點新奇，我們暫且聽看看。

裝滿水的方形容器一角，滴一滴有顏色的物質，例如紫色的高錳酸鉀。高錳酸鉀開始緩慢擴散。最初位於一角的濃紫色逐漸向其他地方擴散，不久後平均分布在各處。

高錳酸鉀的粒子並不是「喜歡」從擁擠的地方往較空曠的地方移動，容器內也沒有這種力量和傾向。

粒子是因為水分子的衝突不斷被推擠，而向無法預知的方向移動。有時向濃度較高的方向移動，有時向濃度較低的方向移動。不過整體平均來看，（這裡沒有相當於上述例子中的重力因素），高錳酸鉀粒子會從濃度高的地方往濃度低的地方規則移動。因為，所有粒子的運動完全是任意的。

現在，想像方形容器的某個小區塊，以及相鄰的另一個小區塊。每一個高錳酸鉀粒子藉著任意的運動，以相等機率由右方區塊移向左方區塊，或由左方區塊移向右方區塊。若右方區塊含有的高錳酸鉀多於左方時，越過交界處，由右向左移動的粒子也較多。這只是因為由右向左任意運動的粒子比由左向右的粒子多的緣故。

整體來看這種運動，存在著由右向左，亦即由濃度高處往濃度低處移動的粒子群，並持續至粒子的分布達到一樣為止。當然，粒子的任意運動之後仍會繼續，但只是反覆的任意來回而已。

為什麼薛丁格會不厭其煩的說明這個現象？因為他想確認，這個物理法是和多數原子的運動有關的統計學論述，亦即只有從整體來看，才能得到近似的結果。

我們的身體為什麼需要這麼龐大

如果一切生命現象都可以依循物理法則，那麼構成生命的原子也無法避免不斷進行任意的熱運動（即之前提到的布朗運動或擴散）。換言之，細胞內部是持續不停運動的。雖然如此，生命仍可建立起秩序，大前提就是

「我們的身體必須遠大於原子」。

因為，一切有秩序的現象必須在龐大數量的原子（或由原子組成的分子）一起行動時，才能顯現它「平均」的動態行為，並且依循著統計學的法則。相關的原子數量越多，法則的精確度也越高。

在混亂中建立秩序，就是根據在一大群原子中，表現出某種特定傾向的原子之平均頻率而形成。

假設這裡有一個由一百個微粒子組成的集團。它們若分散在水中，應該會依布朗運動而持續任意運動。如果將這些微粒子撒在空氣中，與前面薛丁格所舉霧的例子同樣，微粒子被空氣中的分子推動，一面向四面八方游移，同時還會受重力影響，平均的向下方落下。

另外一個實驗，假設裝滿水的方形容器的右方一角溶解出一百個微粒子。這時，微粒子應該也會一面與水分子衝突，任意的運動，同時依前述的擴散原理，平均而緩慢的向濃度較低的左方擴散。

假設現在能夠在某一瞬間正確的觀測到這些微粒子個別而非「平均」的

動態行為。一百個粒子若撒在空氣中，大多數粒子應會向下落，若在水溶液的一角溶解，則會往濃度較低的方向擴散。但是如果只由觀測到的某一瞬間來看，也會發現有少數幾個粒子在空氣中不降反升，或在水中反而由濃度低的一方朝濃度高的方向移動。

這些偏離平均，出現例外行為之粒子的頻率，是遵循平方根法則。也就是說，如果有一百個粒子，其中大約有一百的平方根，亦即約十個粒子會出現偏離平均的動態行為。這是單純由統計學導出來的。

假設，生命體「僅僅」由一百個原子組成。這個生命體不論進行什麼樣的生命活動，原子中都會有大約一百的平方根，亦即十個粒子會偏離此活動。全部有一百個，其中有十個例外，表示生命總是有一〇%的誤差率發生。在要求高度秩序的生命活動中，這是相當致命的。

那麼，如果生命體由一百萬個原子構成又會如何呢？偏離平均的粒子數為一百萬的平方根，也就是一千個。於是誤差率為一〇〇〇÷一〇〇萬＝〇．一%，比例大幅下降。實際的生命現象何止一百萬個原子，而是有高達數億倍的原子和分子參與。薛丁格指出生命體遠比一個原子大的物理學理由就在於此。

參與生命現象的粒子越少，粒子的動態行為偏離平均的比例，亦即誤差率越高。相對的，粒子數越多，依據平方根法則，誤差率越低。為了提高生命現象的秩序精確度，因此「原子必須如此微小」，換言之，「生物必須如此龐大」。

束縛生命現象的物理性限制

實際上，最近已了解擴散原理在生命基本形態的形成上扮演著重要角色。

我們身體的中央有脊椎，以此為中心線，呈左右對稱的構造。脊椎分成許多節，神經也延著脊椎分布。這是脊椎動物的基本構造。但即使是屬於無脊椎動物的昆蟲，例如蜈蚣、蜘蛛、蚯蚓等生物，延著中心線普遍也有節的構造。這意味著什麼呢？

俗流進化論者一定會這樣說明——這是進化的原動力發生突變，而突變是沒有方向性的任意發生。有節的生物與沒有節的光滑生物相比，形態較為詭異，但是也可以享受有節的好處。例如利用節來分擔功能，或是在受傷時將損害侷限在各節之內，以利於修復。這種有節的生物較適於環境，在生存競爭上能戰勝無節的生物，這是今天有節的生物較為普遍的原因。

但是，如果我們將現存的生物特性，特別是形態的特徵，都視為進化論的原理，亦即自然淘汰的結果，這是過度單純化的思考生命的多樣性，有很大的危險。

我認為生物形態的形成有一定的物理框架和物理限制，將它視為根據此框架和限制所構築的必然結果較為恰當。身體的節就是一個例子。

有一種名為果蠅的昆蟲。很多關於生物身體分節的重要知識，都是觀察這種透明的小昆蟲得來的。它雖然稱為蠅，但喜愛水果和樹液，是體長僅〇・三公分左右的小型蠅類，可以在試管中飼養，生命週期非常短（從卵到孵化僅一天，幼蟲期三天，蛹期五天），自古以來遺傳學者就利用牠作為實驗生物。

果蠅產下的卵反覆分裂，逐漸成形，不久之後變成蛆。蛆的身上已經有明顯的節的構造。以下所述的是細胞繼續分裂，細胞塊即將成為幼蟲前的過程。

細胞塊呈橄欖球狀的紡錘形，在此段階已經決定了未來哪一端會成為頭，哪一端成為尾巴。這時，頭這一端的細胞會釋出名為 bicoid 的特殊分子，它像放入水槽一角的高錳酸鉀般迅速擴散。bicoid 僅在瞬間放出，但是分子數足以凌駕混亂的熱運動，因此，「平均之後」從頭到尾形成美麗的濃度層次。

bicoid 對與它接觸的細胞，具有下達下一階段分化命令的作用。這裡最不可思議的是，細胞對於 bicoid 的感受性具有階段性的閾值，依 bicoid 的濃度層次顯示階梯狀的反應，分別開始分化，最後即形成蛆身體上的各個環節的構造。

另一方面，若由橄欖球的背部看 bicoid 的濃度層次，擴散不僅有縱向，也會向左右平均擴散，使得分化訊號獲得了左右對稱性。

對於這種現象，可以解讀為生物的形態形成，具有分子擴散帶來的濃度層次或空間擴大等某種物理學框架作為根據。

這絕非隨機的試驗或環境造成的選擇，在大自然開始淘汰之前，這些特徵都早已決定。混亂的只是此時原子或分子的動態行為，能否從其中理出秩序是問題所在。因此，薛丁格認為生物必須遠大於原子。

生命如何維持動態的秩序？

但這畢竟只是問題本質的前提。生命雖然使自己遵循物理學的框架，但並非單純的置身於熱運動中，而是從其中產生複雜的秩序。就是依這種秩序來區分貝殼與小石子。而且，活著的貝類會隨著成長而擴大貝殼的花紋。也就是說，這種秩序是動態的。

當然，薛丁格對此也有深刻的認知。擴散在中途會帶來濃度層次的資訊，不久之後平均的擴散，最後達到平衡狀態。不僅物質的構造如此，溫度的分布、能量的分布，或是稱為化學位能的反應性傾向，都會快速的消除差異達到均一化。物理學者稱此為熱力學的平衡狀態，或亂度最大狀態。可說是世界的死亡。

熵是衡量亂度的尺度。所有物理學的過程，物質的擴散會向最大熵的方向進行，即最後達到均一的混亂狀態。這稱為熵增加原理。

生物看起來能夠以自己的力量避免陷入無法活動的「平衡」狀態。當然生物也會死亡，顧名思義，就是生命系統的死亡，亦即達到熵最大狀態。但是，生命成為熵最大狀態的時間遠比非生物的反應系統要長，以人類為例，至少在數十年間不至於陷入熱力學的平衡狀態。在這段時間內，生命會成長，進行自我複製，從受傷或疾病中恢復，並繼續生存。

也就是說，生命具有「維持現有秩序以及產生新秩序」的能力。

為什麼能夠實現這種能力？薛丁格對此疑問並未提出具體的機制，不過他曾做了下面的預言。

生命中一定存在著與物理學過去已知的統計學法則完全不同的原理，但是它的結構並非生命力等非物理學的、超自然的東西。它雖然是我們仍不了解的新「構造」，但若進一步探究，應該還是會依循物理學的原理。或許就像只懂得蒸汽機的技師第一次看到電動馬達時的情形，只要按下開關，馬達就會開始運轉，他們大概以為是鬼怪所造成的。將馬達分解來研究，或許才發現只是將銅線捲成線圈，藉著它的旋轉，產生出與蒸汽機相同的運動能量。技師知道雖然自己不了解馬達的構造，但是馬達所使用的原理還是依據過去的物理學，因此他們現在已站在理解的出發點上。

另一方面，薛丁格還提出了生命能夠構築秩序的方法之一——「負熵」的概念，以對抗熵增加原理。如果熵是亂度的尺度，那麼負熵就是混亂的相反，亦即「秩序」。

活的生命會持續擴大亂度，換言之，也就是逐漸接近意味著死亡狀態的最大熵。生物為了避免陷入這種狀態，亦即繼續生存下去的唯一方法，就是從周圍的環境導入負熵，也就是秩序。實際上，生物是藉由「攝取」負熵來生存。

薛丁格如下敘述，認為這並非單純的比喻。

> 事實上，以高等動物為例，我們都清楚知道這些動物以高秩序物質為食物。換言之，形態上呈較為複雜的有機化合物，而且非常有秩序的物質，在作為高等動物的食物上發揮了很大的功能。它們被動物利用後，會變成秩序大幅下降的形態。

薛丁格在這裡犯了一個錯誤。他的想法過於天真。實際上，生命並未攝取有機高分子（包含食物在內）的秩序作為負熵之源。生物在消化過程中，不論蛋白質、碳水化合物或有機高分子所含有的秩序，全都會被分解，並且毫不吝惜的捨棄其中的資訊，然後再加以吸收。因為，這秩序是其他生物的資訊，對攝食者而言，可能成為雜音。

不過，在薛丁格的觀察中，攝食能產生對抗熵增大的力量倒是正確的。為了理解此意義和機制，不得不提到與他同一時代、但已不在人世的另一位孤獨的天才——舍恩海默。

9

什麼
是動態平衡

沙灘上的城堡

遠方沙灘呈平緩的弓形向兩側延伸。強風從海面上吹來，海天一色。總覺得，在海面與陸地銜接之處，存在著某些能解開生命之謎的碎片。因此我們的夢想也經常在這裡迴盪。

就在波浪湧來，然後又退去的位置，有一座構造非常細緻的沙堡。有時波浪會湧至沙堡腳下，帶走一些沙粒。吹來的海風也會不斷的削去沙堡表面的乾燥沙粒。但奇妙的是，雖然時間一分一秒過去，沙堡的外觀卻始終不變，保持著原來的形狀。不，正確的說，是看起來沒有改變。

沙堡能保持著原來形狀，有它的原因。肉眼無法看見的海中小精靈，一刻都不停歇的在被侵蝕的壁面上堆起新的沙，填補凹洞、修整崩塌的部分。不僅如此。海中精靈有時更會在波浪和強風到來之前，對於可能遭到破壞的地方，先一步毀損，加以修復和補強。因此即使經過數小時，沙堡仍能保持原來的外形。或許過了幾天之後沙堡仍能存在。

但有一件很重要的事。現在沙堡內部已經完全沒有數天前建造時的沙粒了。原來堆砌起來的沙粒都已被波浪和強風帶回到海中或陸地，目前看到的沙堡，是新堆砌起來的。也就是說，沙粒已全部換新，而且沙粒的流動現在仍在持續中。雖然如此，沙堡確實存在著。換言之，這裡不是固定不動的沙城，而是某種動態的東西，由流動的沙粒所製造出來的「效果」。

甚至連不斷分解、重建沙堡的海中精靈，也沒有注意到此狀況，而且它們也是由沙粒形成的。在每一個瞬間，有些精靈返回沙粒，有些則從沙粒中成為精靈。它們不是沙堡的守衛者，而是沙堡的一部分。

當然，這只是比喻。不過，如果將沙粒視作在自然界中循環的氫、二氧化碳、氧、氮等主要元素，將精靈視為主宰生物體反應的酶或基質，那麼沙粒堆砌而成的沙堡就有了生命。生命並非主要元素集合而成，而是元素流動帶來的效果。

我們發現這種單純卻又具轉換性之生命觀的真正意義，是距今不久前的事。當然，這裡以「我們」稱之並不公平。精密實驗此一事實，以微觀思維來證明宏觀現象的人，是美國生物學家舍恩海默，當時為一九三〇年代後期。可知，我們接觸新的生命觀至今不過七十餘年，而且目前還無法完全理解他所闡述的意義，甚至我們已經遺忘他的名字和成就。

舍恩海默的構想

打向沙灘的海浪，偶爾會運來粉紅色的珊瑚粒子。海中的精靈並未區分沙粒與珊瑚粒子，也會使用珊瑚粒子來修補沙堡。被侵蝕的壁面、凹洞和崩塌的部分等，都可能用珊瑚粒子取代沙粒來填補。於是，我們可以看到什麼？

沙堡就像大麥町犬一般，到處有珊瑚色的小點嵌在沙中，形成斑點花樣。但是這時我們應該凝視的不是它的花樣，而是花樣流動的狀態與速度。

剛運來珊瑚粒子的精靈們，這次則像平常一樣，隨著海浪運來普通的沙粒。他們默默的持續著自己的工作，將沙粒填補在被侵蝕的壁面、凹洞和崩塌的地方。於是，珊瑚粒子形成的粉紅色斑點會停留一段時間，不久之後再由後來的沙粒取代。換言之，珊瑚所浮現的花樣會流失，並非固定成為沙堡的一部分。

這不僅限於珊瑚粒子，所有的沙粒也都是如此。沙粒在某一瞬間成為沙堡的一部分，在下一瞬間又離開沙堡而去，將原來的位置讓給後來的沙粒。珊瑚粒子則像是滴在清澈溪流中的墨水，使我們能觀察到溪水的流動和流速。

在舍恩海默眼中，粉紅色的珊瑚粒子就是同位素。在他開始研究之前，已經知道氫、二氧化碳、氧、氮等主要元素都有同位素存在，實際上，它們都可以用人工方式製造出來。

氮是原子序號 7 的元素。普通的氮原子，原子核中有七個質子，而且同樣含有七個中子，它的重量（質量數）就是質子與中子的和，亦即以 14 來表示。但是存在於自然界中的大量氮原子中，有極少數變種存在，它的原子核中有七個質子和八個中子。結果，這種變種的氮，質量數成為 15，稱為重氮，它的化學性質雖然仍為氮，但重量稍重。使用質譜分析儀可以區分普通的氮（氮14）和重氮（氮15）。

舍恩海默將此重氮當作珊瑚粒子，亦即作為標識用的追蹤器，使用在生物實驗上，成為革命性的構想。

所有構成蛋白質的胺基酸中都含有氮。一旦進食之後，食物的胺基酸就會與體內的胺基酸混合而無法追蹤。但若將重氮當作胺基酸的氮原子來插入，即可識別這種胺基酸。就像追蹤顏色不同的珊瑚粒子從什麼地方來、到什麼地方去一般，由於重量不同，可以一直追蹤含有重氮的胺基酸。

重氮的行蹤

就這樣，邁向重大發現的條件已經齊備。原來使用一般飼料養育的實驗老鼠，在短暫的一定時間內改餵含有以重氮標識的胺基酸——亮胺酸的飼料，之後解剖老鼠來調查重氮在所有器官和組織中的行蹤。另一方面，也收集老鼠的所有排泄物，來計算同位素的進出量。

實驗中使用的老鼠都是成鼠。這是有原因的，如果使用仍在成長中的老鼠，牠們攝取的胺基酸將會被吸收成為身體的一部分。但若是成鼠，身體不會再長大，事實上，成鼠的體重幾乎沒有變化。老鼠僅攝取所需分量的食餌，這些食餌被燃燒成為維持生命的能源，因此，攝取的重氮胺基酸應會立即燃燒殆盡。舍恩海默最初是這樣認為的，當時生物學的觀念也是如此，認為胺基酸燃燒後含有的重氮應會全部排至尿液中。

但是實驗結果與他的預測明顯不同。

連續三天餵食老鼠以重氮標識的胺基酸，在此期間中，隨尿液排出的量只有餵食量的二七．四%，為三分之一弱。糞便中排出的只有二．二%，因此，大部分的胺基酸都殘留在老鼠體內的某處。

那麼，殘留在體內的重氮到哪去了？答案是蛋白質。餵食的重氮，超過一半以上的五六．五%被吸收進入構成身體的蛋白質中，而且分散在身體的各個部位。吸收率最高的為腸壁、腎臟、脾臟、肝臟等器官，以及血液中的血清蛋白質。當時以為最容易消耗的肌肉蛋白質，重氮的吸收率反而相當低。

實驗期間，老鼠的體重沒有變化。這到底意味著什麼？

蛋白質是胺基酸像念珠般串起的高分子，具有酶和荷爾蒙的功能，也是支撐細胞運動和形態的最重要物質。要合成一個蛋白質，胺基酸必須一個一個結合。換言之，含有重氮的胺基酸進入老鼠體內，要被組合至蛋白質中，必須將重氮胺基酸插入原來就存在的蛋白質中，就好像將項鍊某一處拆開，在該處插入新的珠子。其實不然，餵食重氮胺基酸後，含有重氮胺基酸的蛋白質瞬間即出現在老鼠的所有組織中，這是因為多數的胺基酸會以極快的速度重新組合成新的蛋白質。

重要的是，老鼠的體重沒有增加，這意味著與新製造出的蛋白質相同數量的蛋白質，以驚人的速度被分解成破碎的胺基酸，然後排出體外。

也就是說，構成老鼠身體的蛋白質，有一半在短短三天內被來自食物的新胺基酸替換。三天結束後，重新餵食由普通胺基酸製成的食餌，於是一度成為身體蛋白質其中一部分的重氮胺基酸又會很快的排出老鼠體外。這與用沙粒堆砌成的沙堡，外形雖然沒有改變，但是珊瑚粒子已經由沙堡而離去完全相同。

動態的「流動」

舍恩海默還確認了餵食的重氮胺基酸是否與身體蛋白質中同種類的胺基酸替換，亦即調查亮胺酸是否會與亮胺酸替換。

他回收老鼠組織的蛋白質，然後加水分解成破碎的胺基酸，並依性質的差異區分為二十種胺基酸，再使用質譜分析儀解析各胺基酸是否含有重氮。結果發現含有重氮的不只有亮胺酸，其他胺基酸，例如甘胺酸、酪胺酸、麩胺酸等也都含有重氮。

進入體內的胺基酸（這裡以亮胺酸為例）會被分割成碎片，再重新分配，構成各種胺基酸，分別組合成蛋白質。也就是說，不斷被分解、替換的是比胺基酸更低層次的分子。這實在令人驚訝。

我們可以實際感覺到皮膚、指甲、毛髮等表層不斷生出新的組織，替換老舊的部分。但會替換的並非只有表層而已，身體所有的部位，不僅器官和組織，連骨骼、牙齒等看起來固定的構造，內部也會反覆的分解、合成。

替換的不只有蛋白質，連被認為是貯藏物的體脂肪也處於動態的「流動」中。體脂肪不含氮。舍恩海默使用氫的同位素（重氫）來調查脂肪的活動情形，他在論文中這樣記載：

（需要能量的情形下）我們曾認為，攝取的脂肪幾乎都被燃燒，只有少部分貯存在體內。但令人驚訝的是，即使在動物體重減少時，被消化、吸收的脂肪大部分仍貯存在體內。

過去，脂肪組織被認為是貯存多餘能量的倉庫，大量攝取時貯存在脂肪組織中，不足時則取出使用。但同位素實驗的結果與此完全不同。倉庫之外即使是需求與供給平衡之時，也會將庫存物運出，同時運入新的物質。脂肪組織以驚人的速度更新內部物質，同時保持著外觀看起來沒有改變的樣子。所有的原子都在生命體內流動、經過。

我們見到久違的友人時，常會寒暄：「看起來一點都沒變！」其實，半年或一年不見，我們身體的分子層次已完全替換，整個改變了。原來在體內的原子和分子都已不存在。

關於肉體，我們可以感覺到自己是與外界隔離的個別實體。但是在分子的層次，卻完全不是這麼回事。我們的生命體只是分子高密度聚集處，而且會以很快的速度替換。這種流動就意味著「生存」，如果沒有不斷從外供應新的分子，就會出現收支不平衡的狀況。

假設我們現在進行斷食，來自外部的「入」停止，從內部向外的「出」則持續，身體雖然會盡可能阻止損失，卻無法抵抗分子的「流動」，使我們身體的蛋白質漸漸流失。因此，飢餓造成的生命危險，缺乏蛋白質要大於能量不足。能量可以貯存在體脂肪中，能忍耐某種程度的飢餓，但是蛋白質卻無法貯存。

舍恩海默根據自己的實驗結果，稱之為「身體構成成分的動態狀態」（the dynamic state of body constituents）。他這樣敘述：

生物只要活著，生物體高分子和低分子代謝物質都會不斷的變化，這與營養學的要求無關。生命就是代謝的持續性變化，這種變化才是生命的真正面貌。

這就是新生命觀誕生的一瞬間。

不斷被破壞的秩序——動態平衡

生命是什麼？生命是自我複製的系統。自從發現了名為ＤＮＡ的自我複製分子後，我們為生命下了這樣的定義。

呈螺旋狀纏繞的兩條ＤＮＡ鎖鏈，藉著互補性複製對方，產生出自我的拷貝。資訊在這種非常安定的狀態下，保存在ＤＮＡ分子的內部。它確保了生命的永續性。確實是如此。

但是，我們在海邊拾起一顆小貝殼時，能夠感覺到它曾經有生命，或是能夠知道它與散布在同一地方的小石子完全不同，是因為感受到生命的第一個特徵——自我複製能力嗎？我想大概不是。

自我複製確實是定義生命的關鍵概念，但是支持著我們生命觀的另有他物。貝殼的美麗花紋有著秩序的美，這種秩序是不斷流動所帶來的動態，我們即使無法用言語來形容，也能夠感覺得到。

一九四一年，舍恩海默自殺身亡。此時還沒有發現ＤＮＡ的雙螺旋結構，但是他已經了解構成生命的分子，不論是什麼都無法免於流動。

我們現在已知道腦細胞形成後，一生之中除了少數例外，不會分裂也不會增殖。換言之，腦細胞的ＤＮＡ沒有自我複製的機會。

這麼說來，人類從出生到死亡，腦細胞的ＤＮＡ都完全不變，一直保持著同樣一批構成原子嗎？其實並非如此。腦細胞就像沙灘上的沙堡，分子和原子不斷在內部交換。構成腦細胞ＤＮＡ的原子，不斷進行部分的分解與修復的頻率，甚至高於其他會增殖細胞的ＤＮＡ。從出生到死亡，與沙堡同樣，一直處於分子頻繁進出的流動狀態中。

ＤＮＡ的發現者艾佛瑞，了解ＤＮＡ構造的華生和克里克，甚至是富蘭克林，都沒有注意到DNA的動態就在於此。一直思考原子的雜亂動態行為與秩序維持的薛丁格，思緒也未到達這裡。只有舍恩海默察覺到其中的秘密。

為了維持秩序，必須不斷破壞秩序。

為什麼？再重複一次薛丁格的預言。一九四四年，薛丁格在舍恩海默死後三年時出版的《生命是什麼？》一書中指出，生命的特質是能夠對抗湧向所有物理現象的熵增加原理，並維持秩序。但是他未能點出實現這種特質的生命機制是什麼。

熵增加原理會毫不客氣的降臨在構成生物體的成分上。高分子被氧化、切斷。集合體瓦解，反應錯亂。蛋白質受到傷害而變性。但如果總能先行分解不久之後會崩潰的構成分子，快速重新建構，且速度比熵增加的速度更快，就能將增加的熵排除在系統之外了。

也就是說，對抗熵增加原理的唯一方法，並非強化系統的耐久性和構造，而是讓構造本身置身於流動之中。換言之，生物只要活著，體內必然會有熵出現，而流動能發揮排出生物內熵的功能。

在這裡，我打算對舍恩海默所發現生命的動態狀態這個概念做進一步的擴張，導入動態平衡（dynamic equilibrium）一詞。海灘上用沙堆砌的沙堡，並沒有實體存在，而是流動製造出來的效果，形成某種動態的東西，我稱之為平衡。

被定義為自我複製系統的生命，因為舍恩海默的發現而被如下般重新定義。

生命是在動態平衡下的流動。

這時新的問題產生了。不斷被破壞的秩序，如何能夠維持它的秩序？流動狀態下，依然能保有平衡的意義又是什麼？

10

蛋白質的輕吻

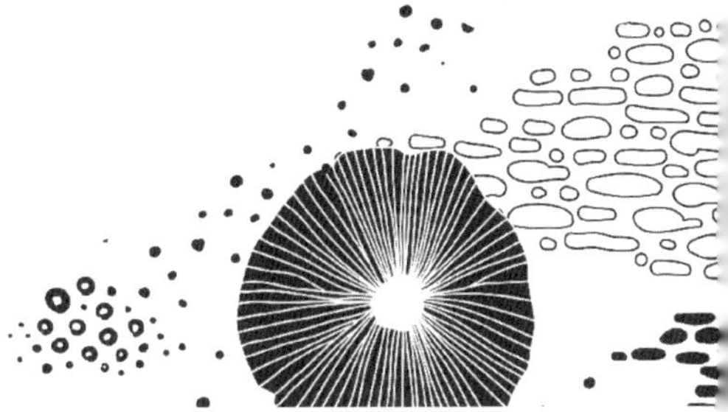

沒有圖案的拼圖

費了好大的工夫，只差一小片就可以完成整幅拼圖，卻找不到這最重要的一片，此時你會如何？相信會拚命找尋，重新檢查裝拼圖的紙盒、坐墊下面、閱讀過的書籍夾頁中等。如果真的找不到，一定會非常懊惱。

實際上，玩拼圖遊戲時，經常會發生這樣的狀況。日本最大的拼圖製造廠商 Yanoman 公司，就曾在網站上發出以下的聲明。

本公司免費提供遺失的拼圖（部分兒童專用產品除外）。

請填寫附在商品中的拼圖申請明信片，寄回本公司。若無明信片，請將欠缺之拼圖的四周八片取下，完整的用保鮮膜等包裹好，並註明商品的名稱、編號，以及欠缺之拼圖的位置後，寄至以下地址。

確認特定拼圖大約需要兩週的時間。

另外，兒童用的附框厚紙板拼圖，每人最多申請兩片。已停止製造，或已過相當時間的產品，可能無法提供此服務，敬請諒解。

大型拼圖動輒有數千片，但每一片的凹凸形狀都有微妙的差異，沒有任何兩片是相同的。Yanoman 公司的工廠是用什麼樣的機器、以什麼方法切割出這些各不相同的拼圖，令人頗感興趣，有機會我再向大家介紹。關於上述聲明中，最重要的一句就是「將欠缺之拼圖的四周八片取下，完整的用保鮮膜等包裹」。

這麼一來，欠缺的那片拼圖不論是什麼圖案或在哪個位置，根據四周八片所圍繞的空間，即可確認出這特定的一片。

玩拼圖遊戲時，通常會先找出構成圖案邊框的拼圖，亦即有直線部分的拼圖，拼出整個外框，然後再依相似的花樣或顏色等線索來分類，排出各個部分。這是拼圖遊戲的固定玩法，但這些技巧只是提高完成拼圖的「效率」而已。

要完成拼圖，基本上圖案並非必要的條件。據說某些自閉症的兒童，即

如何鎖定所缺拼圖的形狀？

其實，直接決定某片拼圖形狀的是位於它上、下、左、右的四片拼圖。但為了確定這四片拼圖的相對位置，四個角上的拼圖也不可或缺。

使將拼圖正面朝下，也能以驚人的速度完成。現在市面上還出現了沒有圖案，或是使用壓克力玻璃製成的透明拼圖。沒有圖案、只有形狀的拼圖所呈現出來的曲線充滿了藝術感。

即使沒有圖案，每一片拼圖的形狀仍舊不相同，同樣可以決定包圍它的其他拼圖。先選出某一片拼圖，然後從剩下的拼圖中選擇能與它結合的，如此反覆進行，一定可以構成拼圖的網絡。

也就是說，拼圖的人以鳥瞰的角度，一面推想整體的圖案，一面組合拼圖，這種「上帝的觀點」位於拼圖外部，而在拼圖的內部，每一片拼圖即便不了解整體的面貌，仍能確定自己的位置。

蛋白質的形狀

這種規則的基本是「形狀的互補性」。某一片拼圖即使「偶然」形成某種形狀，但卻「必然」的規定了鄰接拼圖的形狀。

我們已經見過生命現象採取這種互補性的原理，那就是DNA的雙螺旋。它們一方面互相成對，同時規定了對方的形狀。稱為鹼基的四種拼圖，雙雙成對，就像組合樂高玩具般結合，由下而上不斷堆高。

如果這種互補性進一步擴大成為二次元或三次元，即可能形成有秩序的大網絡。而這樣的網絡確實是存在的。

這並非觀念性的敘述，而是實在論。對生命而言，拼圖就如同舍恩海默所證明的，是不斷分解與合成的蛋白質。生命的內部有大約二萬數千種蛋白質，分別具有各自固有的形狀。組成沙堡的沙粒，每一顆都有肉眼看不見的微小凹凸，各自找尋能夠與自己結合的同伴。

前面提到，蛋白質是由胺基酸如念珠般連接而成的。珠子的數目從數十顆至數百顆，甚至高達數千顆皆有。所有的蛋白質都依珠子的結合順序而定。

胺基酸有二十種。有小，有大，有的帶正電，有的帶負電，有的易溶於水，有的則不易溶於水。二十種胺基酸的化學性質都稍有差異。即使只由兩種胺基酸結合而成，可能形成的排列即達二〇×二〇，共有四百種。

由數百個胺基酸連接而成的蛋白質，可能的排列組合數更高達天文數字。

這種蛋白質的某些部分是由親水性的胺基酸連接而成，某些部分則是由疏水性的胺基酸連接而成。所有的蛋白質都是在細胞內部的「水中」製造，因此，由各種胺基酸連結而成的一條蛋白質的內部，到處會發生衝突。親水性的胺基酸部分會努力往蛋白質外側擠（細胞內部與水接觸的一側），疏水性的胺基酸則盡可能轉往蛋白質內側，以躲避外側的水。帶正電的胺基酸試圖與帶負電的胺基酸結成對。體積大的胺基酸之間的狹小空間裡，則只能容納體積小的胺基酸。

但是所有的胺基酸如同珠子般串連成一條鎖鏈，已無法分散。鎖鏈到處衝突的結果，最後才形成最均衡的形態。所謂最均衡的形態，是指對該蛋白質而言，在熱力學上最穩定的構造。

某種蛋白質的胺基酸結合順序確定後，蛋白質的形態，亦即它的結構即可確定。結構確定，也就是指蛋白質表面的細微凹凸全部定型，於是一片片的拼圖誕生。

全身的互補性

任何一個蛋白質，必然存在著與它互補的蛋白質。兩個蛋白質互相填補表面的細微凹凸，緊緊結合。就像拼圖一般，這種結合存在著特異性，且遠比拼圖複雜且多樣。例如，特殊的胺基酸排列製造出立體的起伏、正電與負電的結合、親水性與親水性或疏水性與疏水性等相似物質的親和性等，綜合各種化學性條件而形成互補性。

肌肉的構成單位，是由名為肌動蛋白與肌球蛋白組合而成的互補性構造，再加上其他各種控制蛋白質的參與，而能產生機械性的運動。由多種蛋白質因互補性而結合、組成的分子裝置，在細胞中無所不在，並且從事著生命的活動。

將信使ＲＮＡ的排列轉換為胺基酸排列的核糖體，是數十種蛋白質的複合體。負責細胞內蛋白質分解的蛋白體、控制蛋白質通過細胞膜的運輸機組蛋白等，也是巨大的分子裝置。它們都是蛋白質與蛋白質間互補性結合而形成的。

互補性未必只出現在性質相近的蛋白質之間。反應血糖值上升，胰島向血液中分泌的胰島素，循環過身體之後，就會與存在於脂肪細胞表面的胰島素受體進行特異性、互補性的結合。

胰島素受體穿過細胞膜，在細胞之外接受胰島素，然後在細胞內部將這些資訊傳給其他蛋白質，這種交換也是利用以形狀互補性為基礎的相互作用來進行。這些資訊在細胞內像層疊的小瀑布般，經過多次互補性結合，傳送給多數蛋白質，每一次傳送，訊號就會增強。原來在細胞內，被稱為葡萄糖轉運體的特殊蛋白質則會被配備在細胞的表面（因應此配備的系統也全部由蛋白質的巨大網絡擔任）。

透過這種裝置，血液中的葡萄糖才能進入細胞內。結果，血糖值下降，進入脂肪細胞的葡萄糖轉變為脂肪貯存，而我們的體重就確實增加了。

如同拼圖一般，每一個蛋白質都有數個決定互補性相互作用的領域，因此會有數個蛋白質向一個蛋白質接近、結合。而且，拼圖的互補性在二次元上有其限制，相對的，蛋白質則可擴大至三次元。因此，蛋白質帶來的互補性分布在全身所有部位。

反覆接觸與分離

我們為什麼不厭其煩的玩拼圖遊戲？蛋白質的互補性正好可給舍恩海默的論點一個解答。

生命就是動態平衡中的流動。構成生命的蛋白質從製造之時就開始被破壞，這是生命維持秩序的唯一方法。但是，為什麼生命能夠一面不斷被破壞，同時又能維持原有的平衡呢？答案就是蛋白質的形狀所呈現的互補性。生命由其內部形狀的互補性支撐，藉著這種互補性，在不停流動之中仍能保持動態的平衡狀態。

拼圖一片片被拋棄。這在整個拼圖的所有部分都會發生，但由拼圖整體來看，只不過是極細微的一部分，因此整體圖案並沒有太大的變化。

新的拼圖會陸續製造出來。有一個重要的事實，新製成的拼圖利用本身形狀所規定的互補性，預先決定了自己的位置。拼圖反覆著任意的熱運動，試探自己與欠缺的拼圖空洞是否吻合，然後進入自己應該擺放的位置。就這樣不斷的分解與合成，並保持整體拼圖的平衡。

我認為以拼圖模型或與它類似的東西，來敘述生命形態是極為簡單易懂的方法，但是它們與實際生命現象的「柔軟性」和「複雜性」卻有一些距離。

我的老朋友，福島縣立醫科大學教授和田郁夫，使用特別的顯微鏡與螢光標識，觀察一個蛋白質分子與同伴蛋白質進行互補性結合的狀態。

將一方的蛋白質固定於顯微鏡視野下某個焦點深度的位置，在細胞內浮游的同伴蛋白質（亦即拼圖中能夠結合的鄰接拼圖）任意的朝它接近。由於同伴蛋白質附加了能發出螢光的標識，因此這個蛋白質與被固定的蛋白質完成結合的一瞬間，顯微鏡的ＣＣＤ相機就能看到進入顯微鏡焦點深度範圍的螢光。和田教授使用此方法成功的觀察到兩個同伴蛋白質進行互補性結合的一瞬間。

但不可思議的是，螢光會不斷規則的閃爍。規則的閃爍？這到底是什麼意思？

利用顯微鏡的高解析度觀察細胞，只能看到極為狹窄的範圍。顯微鏡所能看到的焦點深度的「厚度」非常薄，大概只有不到一微米的世界。附加了螢光標識的蛋白質，只要稍微偏離此焦點深度的厚度，就無法看見。也就是螢光會從視野中消失。

這時發生的狀況是這樣的。對於固定在焦點深度內的蛋白質，另一個螢光標識蛋白質會規律且反覆地與它接觸和分離。分離時，螢光離開檢測深度之外。接近時，則可檢測到螢光。因此看起來忽明忽滅。

互補性就是如此微弱，與任意的熱運動之間保持著微妙的平衡。就像剛好吻合的拼圖，卻又不牢牢嵌入一般，只是反覆的輕輕一吻。互補性是「振動」的，這一點與拼圖是固定並不同。

這種輕吻絕非以不特定多數為對象，而是只發生在與特定同伴之間。生命現象中或許有更多這種「柔軟」的互補性。

除去異常蛋白質

「柔軟」的互補性，由工學的角度來看，與結合力強的堅固組合相比，在耐久性方面較為遜色。而且因為個體本身經常被改造，看起來也是消耗性大而效率不高。但實際上並非如此。為了保持秩序，必須持續破壞秩序，也就是說，要對抗系統內部不可避免累積的熵，只有先將它破壞和排除。

以下用蛋白質來說明。藉著反覆合成和分解，除去損傷的蛋白質或變性的蛋白質，以防止它們累積貯存。在合成的過程中發生錯誤時，還能發揮修正功能。生物體會受到各種壓力，每次遭遇壓力，組成成分的蛋白質都會受到傷害，例如氧化、切斷或構造改變而喪失機能。以糖尿病為例，血液中糖濃度上升的結果，糖與蛋白質結合，而傷害蛋白質。

動態平衡能除去這種異常蛋白質，並盡快以新的零件取代。結果，生物體就能將累積在內部的潛在性廢棄物捨棄至系統外。

不過，這種方法也並非萬全。某種異常的狀況下，廢物累積速度超過排出速度，不久之後，累積的熵會使生命陷入危機狀態。

最典型的例子就是蛋白質的結構病，像是最近備受注目的阿茲海默症，或是以狂牛症、庫賈氏症等為代表的普里昂疾病。前者是稱為類澱粉前驅蛋白的蛋白質結構發生異常，後者則是名為變性普里昂蛋白的蛋白質結構異常，而在腦部累積所致。

在極初期階段，異常蛋白質或許能靠生物體所具備的分解機制和除去機能加以排除。因此健康的人不會頻繁的發病。但若累積達到一定的閾值之後，超過排除機能的能力，不久之後，異常蛋白質塊就會壓迫腦細胞。

生命的可變性

系統的構成要素不斷合成和分解，具有重要的生物學概念。亦即藉合成而緩緩上升，藉分解而緩緩下降，連續性的產生一定的節奏，能夠製造出振盪器（oscillator）。

振盪器的別名就是「時鐘」。實際上，蛋白質的合成和分解所帶來的振盪，是細胞有規律的進行分裂的關鍵核心。有一種被稱為週期蛋白的蛋白質會在正確的時機被合成和分解。這種時機也控制著細胞分裂週期。

那麼，「柔軟的」互補性，亦即顯示微弱相互作用的蛋白質，有時接觸，有時分離的互補性，有什麼特性呢？那就是使生命能因應外界（環境）變化而改變自己，也就是成為能夠確保可變性與柔軟性的機制。

有時接觸，有時分離，以保持平衡狀態的系統中，例如隨著某些環境變化，某一方蛋白質的量增減時，系統就能敏銳的捕捉到。如果細胞內其他地方蛋白質被動員較多，或被分解時，閃爍的總量自然減少。相反的，如果蛋白質的需求減少，細胞內的濃度上升，閃爍的總量則可能增加，而且閃爍的間隔也可能縮短（由於蛋白質的供給量增加，因此會召集新的蛋白質以加強有時接觸、有時分離的相互作用）。

這種訊號的增減對細胞而言，具有捕捉環境變化的監視作用。如果要動員較多的蛋白質，或是蛋白質因損傷而減少時，就會發出增產命令來支援。反之，若是蛋白質過剩的話，就必須暫時抑制生產。這些都會反映在DNA→RNA→蛋白質的合成，這一連串過程中各個階段的控制上。

生命對環境變化的適應和內部恆定性的維持，都靠這種回饋迴路來實現。柔能克剛，這種「柔軟的」互補性正可維持生命的可變性。

「生物學的數字」拼圖

最後再舉一個類似拼圖帶來的矛盾。

前面介紹的拼圖廠商 Yanoman 公司已推出了 3D 拼圖。這是將平面的拼圖應用在球面上製造而成，以地球儀、月球儀為首，還有將繪畫或照片球面化的產品。

當然，3D拼圖不像一般平面拼圖周圍有邊框，也就是說，整個世界都是由一般的拼圖構成。援用同樣的印象，我們當然可以說「生命就在名為蛋白質的拼圖所構成的球體內部」。

但是，以人類為例，我們可以說人類是由二萬數千片拼圖構成的3D拼圖嗎？這是非常不正確的說法。我們再回想一下薛丁格的話，生物為什麼遠比原子和分子大？這是為了使粒子的動態行為在統計學上所不可避免的誤差率（以〔根號n〕／n來表示）減至最少的緣故。

不論肌動蛋白或肌球蛋白，或不論胰島素或胰島素受體，都是二萬數千種類拼圖中的某一片。但是，這些拼圖在我們體內並非各自獨立的一片。單是肌動蛋白或胰島素的拼圖，就有數億片，甚至更多。將我們包容在內的拼圖不只一組，而是如天文數字一般（這句話也不正確，應稱之為生物學的數字）。

所有拼圖都以驚人的速度找尋相互的互補性，一瞬間的接觸後立即消失。數億片的胰島素繞行全身的血液，與各種細胞表面的數億片胰島素受體之間，反覆以微分的時間閃爍。這種互補性的網絡，因生物學的數字而層層疊疊、無窮無盡。

11

內部的內部就是外部

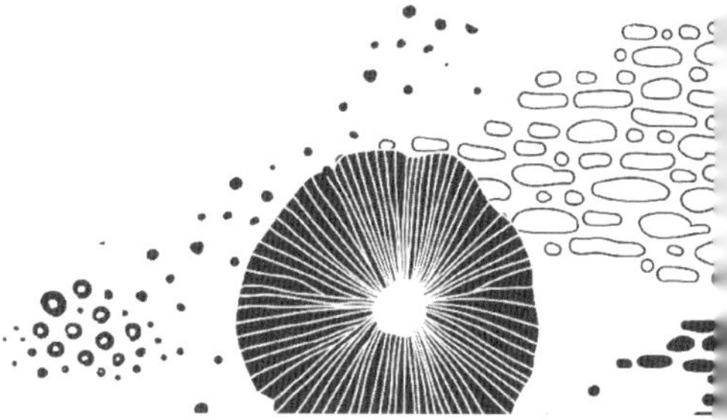

博士後研究員的辛苦生活

我離開紐約，來到波士頓生活。這裡散發出與美國其他任何城市都不同的光輝。

位於東海岸，名為新英格蘭的地區，是來自英格蘭的清教徒首先到達美國的地點。時間靜靜的過去，秋天時，石板路上堆積著梧桐和槭樹的葉子，踩在上面發出沙沙的聲音。商店裡陳列著加了肉桂的蘋果西打的茶色瓶子。由「褐石」這種褐色石塊堆積而成的建築物之間向上望，感覺天空低而沉悶。不久之後，冬天到來，氣溫低於零度的日子越來越多。夜裡，路燈和遠處窗戶露出的光線顯得非常清澈。由於空氣中的水蒸氣都結成冰落在地面，因此沒有任何物質阻擋光線的灑落。

紐約東北方大約二百公里處，同樣位於大西洋岸的這個城市，確實欠缺某些紐約所具備的特色。雖然來到新的環境，機器設備的擺放不同，但是我們博士後研究員的工作並沒有任何改變。

我們戲稱博士後研究員為「研究室的奴隸」。從早上到深夜，不停的操作實驗台上的試管和吸注器。就像白老鼠般，忙碌的往返於冷凍室和離心機之間，製作精密的樣本；或是聚集在測定器前，讀取實驗的數值；有時則窩在暗室內沖洗 X 光片，更硬著心腸殺死了無數的老鼠。

當時我所屬的是哈佛大學醫學院的分子細胞生物學研究室。不可思議的是，這個寒冷的小城市，除了哈佛大學之外，還聚集了麻省理工學院、波士頓大學、塔夫斯大學、世界最著名的尖端醫療中心麻省總醫院，以及如彗星般出現、很快又消失的生物科技新興企業等研究設施。

這些研究建築大多貼著反光玻璃，而且有特殊的造型。我們被分配到的實驗室，整潔且功能齊全，但卻一面窗戶也沒有，就像運送奴隸的船一般不見天日。在這裡工作薪水低、時間長，而且有危險。當然，大多數奴隸不是美國人，與我同樓層就有中國人、義大利人、德國人、韓國人、瑞典人、印度人等等。

中午短暫休息時間，我們聚集在餐廳裡高談闊論，對天安門事件感到震驚，並譴責波灣戰爭。但是一旦回到實驗台上，奴隸們又成為激烈競爭的對手。

拓撲學的科學

當時我們找尋的是胰臟細胞中的特殊蛋白質。

胰臟的功能大略有兩種。一是生產大量的消化酶，並送至消化管中（外分泌）；另一個是監視血糖值，並將調節血糖值的荷爾蒙（胰島素或胰高血糖素）送入血液中（內分泌）。這些都是將細胞內部製造的消化酶或荷爾蒙送至細胞外（消化管或血管）的現象。

實際上，要清楚說明此過程不是件簡單的事。細胞是個球體，外側有柔軟而薄、但是非常堅固的細胞膜包覆著，將細胞內部的生命環境與外部環境嚴密隔離。細胞膜像一層防護壁，外部的物質很難侵入細胞內部。同樣的，細胞內部的物質也不容易突破細胞膜來到細胞外側。如果細胞膜能輕易突破，外部環境的各種雜質會大量流入，同時，內部環境的重要物質也會不斷流出，使生命秩序瞬間崩潰。

所以，細胞內部要向外部「分泌」某種物質，勢必要靠極為精密的機制。這在理解細胞的動態平衡上是非常重要的，萬一這種分泌機制無法順利發揮作用，分解營養素的消化酶就會不足，或是胰島素無法順利在血液中循環。出現這些現象時，生命很快就會變調。分泌障礙或許就是發育不良或糖尿病等疾病的主要原因。

當然，我們並不是首先著眼於此而研究細胞動態的人。細胞生物學就是一大研究領域，過去曾有不少前輩在此付出努力。

細胞生物學，簡單的說就是「拓撲」的科學。所謂拓撲學，是指「立體的思考事物」。在此意義上，細胞生物學頗像建築師。

帕拉德的目標

話題再從波士頓哈佛大學回到紐約洛克斐勒大學。

一九六〇至七〇年代，洛克斐勒大學一直是細胞生物學的世界研究中樞，其中心人物就是帕拉德（George Palade）。他是羅馬尼亞裔的研究者，典雅的紳士風貌令人想起演員馬斯楚安尼。帕拉德的研究課題是細胞內部製造的蛋白質是「經由什麼管道」送到細胞外，並將它「可視化」。

為了這項研究，帕拉德選擇的是胰臟製造消化酶的細胞。要了解某一個生物課題時，選擇哪一種細胞作為研究對象是非常重要的，即使你研究的是所有細胞都有的共通機制也是如此（越是具有共通機制，生物學上的重要性越高）。

首先，這個細胞必須頻繁發生你想觀察的現象。若有細胞專門產生這種現象當然更好。當細胞的結構被現象特定化，自然較容易觀察到。

其次，這些細胞必須隨時都能輕易而大量的獲得。如果數量稀少，或是雖然有相當數量，但是容易與其他細胞群接近或混合，要篩選出這樣的細胞作為實驗材料，需花費大量勞力和時間，而且可能在此過程中傷害細胞，或因個人的好惡而帶來人為的影響。

胰臟製造消化酵的細胞，在帕拉德眼中正是最適合的模型細胞。這種細胞非常普遍，占了胰臟所有細胞的大約九五％，另外的五％則是生產和分泌胰島素等荷爾蒙的細胞。換言之，胰臟幾乎可說就是產生消化酶的細胞塊。這也顯示出，單是製造大量消化酶就是一大工程。

而且，這種細胞產生消化酶的能力高得驚人。消化酶都由蛋白質構成，這些細胞每天合成大量的消化酶蛋白質，然後分泌至消化管，生產量遠超過哺乳期的乳腺（哺乳動物生產乳液的細胞組織）。也就是說，胰臟的消化酶製造細胞是身體中最特定化的分泌專門細胞。

為什麼胰臟能靠大量細胞製造出大量的消化酶呢？原因就是不斷的「流動」。也就是舍恩海默使用標識的胺基酸所發現的生命動態平衡狀態。胺基酸不斷的流入，以及蛋白質不斷的合成和分解，貫穿生命現象中央，源源不絕的流動。大量的消化酶正是驅動這種流動的執行部隊，胰臟則每天默默的持續募集新兵。

如何看出蛋白質的流動

胰臟的細胞不斷的製造出大量的蛋白質，並將它們送至細胞外。也就是說，細胞的內部也有「流動」存在。但是要如何才能看到這種「流動」呢？

帕拉德有兩個武器。一是電子顯微鏡。這種顯微鏡的超高倍率可以在整個視野中捕捉到一個細胞，而且能了解其中的細微結構。更重要的是，它能追蹤蛋白質在細胞內如何流動。

帕拉德一定知道舍恩海默的事，也就是將胺基酸標識。從昏暗、混濁的大河水面，很難看出水流的規模和速度，而舍恩海默只是在瞬間滴入墨水，就能使它可視化。這對於胰臟細胞內的流動應該也適用。帕拉德就是這樣思考的。

他從實驗動物體內摘出胰臟，然後浸泡在溫的培養液中。若繼續供給氧氣和營養，胰臟的細胞會持續存活，並合成和分泌消化酶。帕拉德在培養液中滴入顏色鮮艷的墨水，這時，他使用的是另一種武器，名為放射性同位素的墨水。從舍恩海默的時代起，這個手法經過不斷改良，胺基酸除了舍恩海默使用的重氮外，也能使用碳、硫等的放射性同位素來標識。

追蹤放射性同位素發出的微弱放射線，就能夠確認含有被標識之胺基酸的蛋白質存在位置。

帕拉德的方法巧妙之處在於以放射性同位素標識的胺基酸，僅在「一瞬之間」給予胰臟細胞。所謂一瞬之間，在實際實驗而言，是指五分鐘左右的時間。之後，浸泡胰臟細胞的培養液立即更換。新的培養液所含的是未使用放射性同位素標識的普通胺基酸。胰臟細胞本身無法分辨是有同位素標識或是普通的胺基酸，細胞吸收培養液中的胺基酸（細胞膜上存在著只有胺基酸能夠通過的特殊小孔），默默的合成消化酶蛋白質。

這麼做會有什麼效果呢？那就是，只有給予放射性同位素標識之胺基酸的那五分鐘內合成的消化酶蛋白質會「被標識」。落在水面上的墨水會成為色帶，使我們能看見水的流動。同樣的，我們也能看見在某一瞬間被標識的帶狀消化酶在細胞中移動的路徑。只要追蹤它的移動，就能了解蛋白質如何從細胞內移動至細胞外。

帕拉德採用了下述的技巧讓蛋白質可視化。標識之後，將胰臟的細胞一點一點從培養液中取出，並以化學的方法將它們「固定」。在此瞬間，細胞雖然停止生命活動，但依然保持著它們的形態。細胞內的蛋白質分子也被固定在各自的位置上。就這樣給予胰臟細胞五分鐘同位素標識的胺基酸後，更換培養液，接著，五分鐘後、十分鐘後、二十分鐘後依序取出細胞樣本。

用電子顯微鏡觀察之際，帕拉德將細胞輕輕放在 X 光軟片上觀察。X 光軟片的表面塗了薄薄的銀粒子，如果細胞的特定位置有標識著放射性同位素的蛋白質存在，從這裡發出的微弱放射線照射到軟片的銀粒子時會使它變成黑色。這與相機的銀鹽相紙感光的原理完全相同。帕拉德再用電子顯微鏡觀察細胞以及下方的 X 光軟片。

這樣可以看到什麼樣的影像呢？胰臟的細胞擴大至顯微鏡的整個視野，而且透過透明的細胞來凝視，下方的 X 光軟片上應可看到黑點。這個位置正是蛋白質存在的地方。

內部的內部是外部

帕拉德就是透過設在洛克斐勒大學地下室的電子顯微鏡，首次看到了細胞內蛋白質的移動。

標記蛋白質的黑點，首先出現在細胞內的內質網表面，這裡就是蛋白質的合成現場。胺基酸逐次連結，製造出消化酶。下一個時點的觀察影像出現了不可思議的現象——顯示蛋白質存在位置的黑點，在內質網內側移動。

帕拉德立即察覺此移動帶來的拓撲的變位。

內部的內部就是外部。

請將細胞想像成一個氣球。氣球的內側有生命活動，但實際細胞的內部並不像氣球般空無一物。例如，裡面有帶著ＤＮＡ的「細胞核」、生產能量的「粒線體」等區塊。內質網就是其中一個區塊，它就像存在於氣球內部的小氣球。內質網包覆著同樣材質的皮膜，在氣球內部飄浮。

根據帕拉德的觀察，蛋白質的合成首先是在內質網的表面進行。這裡所說的表面，是指小氣球（＝內質網）的外側，也就是大氣球（＝細胞）的內側。以下的內容，請將拓撲的觀念放在腦中繼續閱讀下去。

緊接著，合成的蛋白質向小氣球（＝內質網）的內側移動。為了向內側移動，蛋白質必須使用某種方法通過小氣球（＝內質網）的皮膜，進入內側。當時，帕拉德也不知道是什麼方法。但事實上，蛋白質確實能夠向內質網的內側移動。

所謂小氣球（＝內質網）的內部，對大氣球（＝細胞）而言，它相當於什麼？答案是外側。也就是說，當蛋白質通過內質網的皮膜進入內部時，在拓撲學上，它已位於細胞的外側。

為了讓讀者了解這種看起來非常奇妙的邏輯，只要探索內質網的來源即可。內質網是如何形成的？請想像一下用拳頭從大氣球外側向內頂入的樣子。拳頭陷入氣球，周圍被橡膠皮膜包圍，看起來拳頭已進入氣球內側。但事實上，拳頭所在的空間是與氣球外側相通的。

內質網就是以這種方法形成的。首先使細胞膜凹陷，入口的部分，亦即手腕的部分慢慢壓縮、扭轉，再由此處分離。最後，小氣球就進入大氣球內部。因此，內質網內部對細胞而言，原本是外部空間。

當然，蛋白質在內質網的內部，還無法真正往外出到細胞外側。蛋白質要被釋放至細胞之外，必須通過兩次皮膜（＝細胞膜）。這一點由後來帕拉德的觀察得到證實。

包著蛋白質的小氣球（＝內質網）逐漸成形，並在大氣球（＝細胞）的內部橫移，接著在大氣球的另一端與大氣球的皮膜接觸。此時產生的狀況與前面看到的內質網形成過程正好相反，接觸的兩個皮膜融合成為一個開口處，產生了如同將拳頭頂入氣球時出現的凹陷形狀。在此瞬間，小氣球（＝內質網）的內部即與外界相通。原位於內質網內部的消化酶蛋白質，即經由此途徑被釋放至細胞外側。

內部的內部就是外部

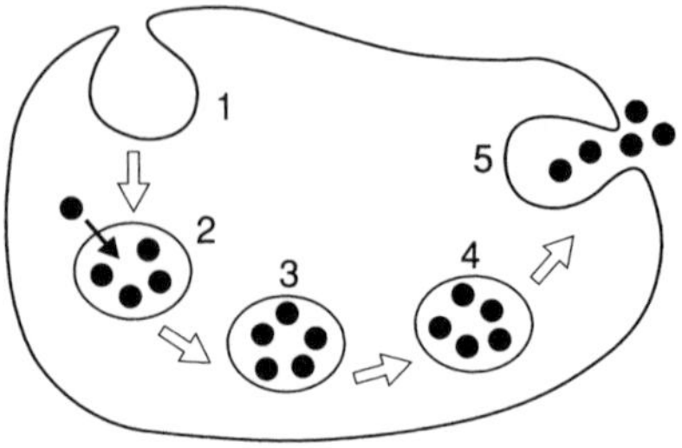

細胞表面有一層薄博的皮膜（細胞膜）。1. 細胞膜的一部分向內凹陷，形成內質網。2. 從拓樸學的觀點來看，內質網的內部相當於細胞的外部，分泌出的蛋白質（圖中黑點）在細胞內部合成後，穿透內質網的皮膜，進入內質網。3. 與 4. 內質網在細胞內部移動。5. 最後，內質網的皮膜與細胞膜的皮膜一部分融合，再次與外界相通，蛋白質通過開口來到細胞外部。

為什麼要有另一個內部？

直接開關細胞膜是危險之事，因為這樣會使內部環境暴露在外部環境之下。因此細胞將內部製造的蛋白質送至細胞外部時，會設法避免這種情況，所以才在細胞內部先製造另一個內部，就是內質網。

在拓撲學上，內部的內部就是外部。為了將蛋白質送入內質網的內部（＝細胞的外部），蛋白質必須通過內質網的皮膜。但內質網皮膜的開閉，危險性遠低於細胞膜的開閉。因為內質網的內側在拓撲學上就是細胞的外部，但實質上卻只是被細胞包住的區塊。內質網的環境即使外露至細胞內部，外部環境也不至於任意的流入細胞。

就這樣，細胞在最小的風險之下，控制著細胞內部與外部的交流。帕拉德的研究充分了解到細胞內部的動態性交流，並使生命持續。與舍恩海默同樣，帕拉德將它們完整的記載下來。

一九七四年，帕拉德以「有關細胞的構造性、機能性構成的發現」，與同為洛克斐勒大學的兩位共同研究者克勞德（Albert Claude）、杜維（Christian René de Duve）一起獲得諾貝爾醫學暨生理學獎。當時正是洛克斐勒大學細胞生物學研究的最輝煌時代。

我在洛克斐勒大學展開研究生活時，帕拉德已經離開，轉赴耶魯大學及之後的加州大學聖地牙哥分校擔任醫學院長等行政職務。

我工作的研究室一角，橫躺著一張踏腳凳，這是拿取放在高處的試劑時使用的墊腳工具，上面用奇異筆寫著「PALADE LAB」。我發現時感到非常高興，因為以帕拉德為首的多位偉大先驅者都曾經站在它上面，雖然已有些汙垢，但卻是不折不扣的歷史遺產。

我用生澀的文筆從日本寄出求職信，對我一無所知、卻願意雇用我的洛克斐勒大學教授喬治．席利博士，就是帕拉德的弟子之一。換言之，我雖然是籍籍無名的研究者，卻也是帕拉德弟子的弟子。

我悄悄的將踏腳凳當成自己的寶貝，席利博士率領我們這些博士後研究員轉往哈佛大學醫學院時，我也將它帶往波士頓。我們身為帕拉德的正統繼承者，也選擇胰臟細胞作為研究材料，繼續他未完成的研究題目。包括細胞膜在何時且如何往內陷入形成內質網、在什麼時候包著蛋白質在細胞內部移動、何時與細胞膜融合製造開口，以及能否自由自在的改變形狀等。

12

細胞膜的動態

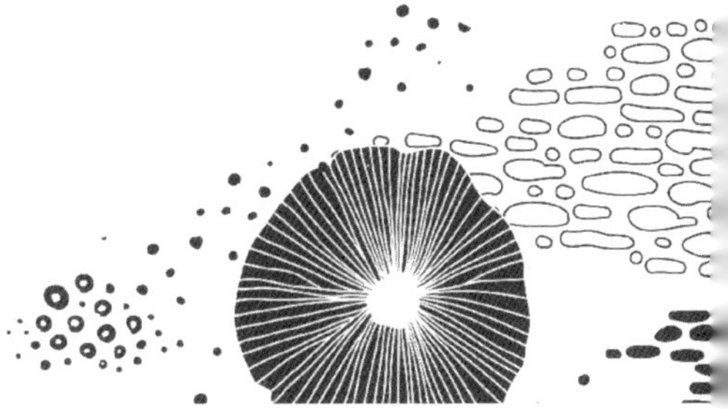

紐約的振動

研究室從紐約轉移到波士頓後，我常常回憶起曼哈頓。曼哈頓的陽光和風。當然，波士頓也有東海岸特有的高而清澈的天空，可說是非常美麗的城市。聚集在哈佛大學的同事們都是優秀的人才。在這裡，我逐漸學習到每天早上在走廊上打招呼的方式、如何到巨大的艾爾金斯紀念圖書館尋寶、在美國最古老的餐廳 Union Oyster House 喝波士頓冰酒、在芬威球場為紅襪隊加油、坐在愛樂音樂廳欣賞小澤征爾的指揮。

但是，我覺得這個城市缺少了某些能夠鼓舞我的元素。

在波士頓住了一段時間後的某一天，我結束徹夜實驗，離開實驗室來到清晨的街道上。草地上帶著露水，清澈的天空和一抹雲彩被染成金黃色，四周籠罩在一片寧靜中。

這時，我首次了解到與紐約相比，波士頓欠缺了什麼。這裡欠缺的是振動，亦即覆蓋著整個城市的蒼穹般的振動。

人們急速而雜沓的腳步聲、蒸氣通過老舊鐵管時發出的吱吱聲、從通往地下的換氣口傳來的地下鐵轟隆聲、搭建鐵塔的敲打聲、拆除舊屋的鐵槌聲、從商店內傳出的音樂聲、人們的鬨笑或怒斥聲、汽車的喇叭聲和警笛聲交錯、緊急煞車聲……

曼哈頓可以不斷聽到這些聲音，但它們不是穿過摩天大樓之間向高空擴散，而是反方向的垂直下降。曼哈頓的地下深處是一塊巨大厚實的岩盤，高層建築的基樁都會達到此岩盤，所有的聲音就順著無數根支撐摩天樓而進入地下深處的堅固鐵樁，傳到岩盤才被阻擋。岩盤的硬度超過金屬，聲音輕輕振動著鐵樁組成的巨大鐵琴。在岩盤表面的起伏之間，波長互相重疊成為倍音或相互抵消而減弱。雜音被吸收，音調漸漸整齊。經過整合的聲音，再由岩盤向上反射，一齊散發至整個曼哈頓的地面。

這種反射音開始時聽起來像耳鳴，或是低氣流的呻吟。有時也令人感覺像幻聽。但是在城市的喧囂之中，確實存在著這種持續低音（basso continuo）。

只要在曼哈頓，任何地方、任何時間都可以聽到這樣的聲音。不久之後，會發現聲音之中有和人體相應的振動。這種振動像波浪般進入身體後又褪去、進入身體後又褪去，反覆不斷。不知不覺中，振動與人體的血液同步，甚至增強。

正是這種振動使來到紐約的人振奮，給予來自任何國家的人自由，給予喜愛孤獨的人力量。因為這種振動的聲音來源，能讓聚集在這裡、互不相識的人們某種共通的心聲結合在一起。

整個美國，甚至全世界，會發出這種振動的城市只有紐約。

實驗至深夜時，我會走出沒有窗戶的研究室，來到可以呼吸到室外空氣的地方，我常傾聽波士頓的夜空，等待著從某處傳來的持續低音。偶爾傳來某些聲音，汽車通過的引擎聲、夜風吹拂樹葉的聲音、行人穿過馬路的腳步聲。但是除了這些之外，夜裡經常籠罩在一片寂靜之中。

細胞膜之謎

在異常寧靜的波士頓，我的任務像是在採集新種的「蝴蝶」。包圍細胞、保護細胞、維持細胞內部動態平衡的細胞膜，其主要成分是名為磷脂質的分子，它們呈二次元的整齊排列，具有一致的厚度，形成堅固但是柔軟的薄膜。細胞膜的厚度只有七奈米（一奈米等於十億分之一公尺）。

使用磷脂質，可以在試管內製造出人工的細胞膜，而且能製成球型。當然它不像活的細胞般內部有生命現象，只是單純的「氣球」。

將這種氣球大量置入試管，充分攪拌，以提高溫度，使熱運動旺盛，並增加氣球的接觸與碰撞的頻率。但即使氣球相互劇烈碰撞，也絕不會融合成為大的氣球，也不至於有某一部分向內陷入，而形成在內部的外部。每一個氣球都保持原來的樣子。也就是說，細胞膜本身是非常安定的結構體。這是作為屏障者理應具有的特性。

但是在生物體內，這種薄的皮膜有時卻會向內側陷入，在細胞的內部形成稱為內質網的區塊，也就是在細胞的內部製造出外部。有時，內質網皮膜也會與細胞外側的皮膜融合。這些細胞膜的運動，快的話以秒為單位，而且自由自在的發生。

我們的指導者帕拉德給我們留下了一個課題。

物理化學上極為安定且非活性的細胞膜，為什麼在生物學上卻是動態的，而且高速的變化和變形呢？

對於這個問題，「觀念性」的回答並不困難。例如，細胞膜的內部、外部或是邊緣上經常有肉眼無法看見的微小精靈飛舞，它們有時推、有時拉扯細胞膜，有時手牽手將細胞膜束緊，有時則互相結合。

若是「實在性」的回答這個問題，又是如何呢？

細胞膜的內部、外部或是邊緣上存在著許多細微的蛋白質，經常與細胞膜發生相互作用。蛋白質之間因各自的固有結構而具備互補性。因為這種互補性，當某種蛋白質形成環狀，柔軟的細胞膜就可能被束緊。與內質網結合的A蛋白質，和細胞膜結合的B蛋白質之間，如果發生類似鑰匙與鑰匙孔般的特異性結合，內質網的該部分即可能被細胞膜的特定部分拉近。如果有一群會與細胞膜結合的蛋白質群沿著細胞膜內側，以互補性關係為基礎，形成如籠子狀的網絡構造，如此一來，細胞膜就成了覆蓋在籠子上的薄布，且有時是球面，有時像阿米巴般原蟲形狀不定，有時則呈現紅血球獨有的凹陷曲面。

換言之，精靈們互相牽著的手，就是蛋白質的形狀。生命現象所顯示的秩序美，也是以這種形狀的互補性為依據。

帕拉德還說：「去吧，好好找尋。找到後將它的形狀記載下來，這樣的話，你們就是最先了解細胞構築原理的人。」

多樣而精妙的膜動態

帕拉德使用電子顯微鏡觀察胰臟時，首先進入眼簾的，是呈梯形的細胞上半部中充塞著許多顆粒。

顆粒的大小和形狀一致，都是完整的球形，內部漆黑一片。在電子顯微鏡下看起來漆黑，意味著裡面塞滿了會吸收電子束的物質。由他後來的研究了解到，球形顆粒的內部被蛋白質填滿，這就是胰臟所製造出來，分泌至消化管的消化酶。

帕拉德了解到，原本應分泌至細胞外的蛋白質，在細胞內合成之際，先被送入內質網的內側。所謂內質網的內側，也就是存在於細胞內部的「外部」。分泌的蛋白質最初就是封閉在這裡。之後，內質網的一部分膨脹，像樹瘤一般生出芽來。分泌的蛋白質（這裡指消化酶）就在瘤的內部。不久後，瘤脫離內質網，成為獨立的球體。

球體的表面被內質網形成的膜包覆，內部包裹著分泌的蛋白質。之後

蛋白質的分泌過程

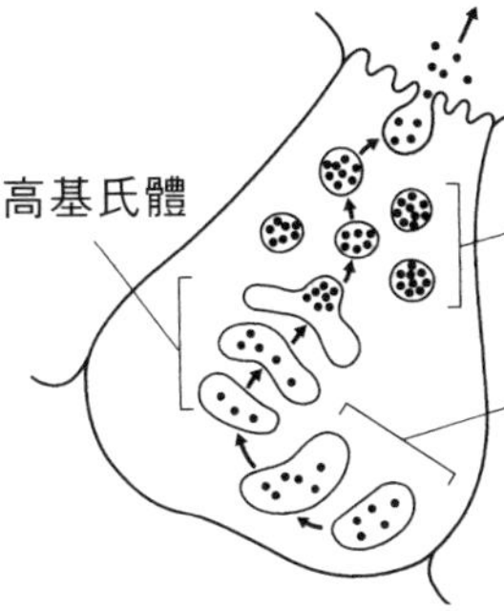

第198頁是一張簡化圖，用來幫助讀者理解拓樸學的觀點。實際的分泌流程如下：首先，蛋白質（在此是消化酶）會進入內部的內部（即內質網），然後通過高基氏體，被填充至分泌顆粒中，我們關注的就是這個過程。

經過幾個過程，球體一面在細胞內部移動，一邊聚集至呈梯形的胰臟細胞的上半部。這個位置對胰臟的細胞而言，是面對分泌管的頂部，分泌管則連接著消化管。換言之，胰臟的細胞並非像阿米巴原蟲般沒有固定形狀，而是明確的有上下前後左右之分。帕拉德觀察到的黑色顆粒，就是貯存了大量消化酶蛋白質，並聚集在此的球體群。

接著這裡發生劇烈變化。包覆球體的膜，有一部分與包覆整個細胞的膜的一部分接近，在接觸後的一瞬間，兩個膜完成融合。於是，球體內部與外部間打開了一道相通的空間。也就是說，位

胰臟細胞的電子顯微鏡圖像

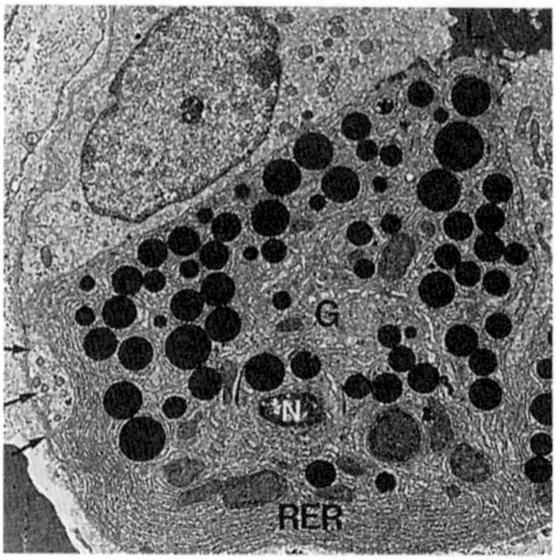

黑色球體就是分泌顆粒。N 為細胞核，RER 為粗糙內質網。G 為高基氏體。右上角的 L 是與消化管連通的管腔。箭頭會刺激分泌的神經末梢。（攝影／福岡伸一）

於細胞內部的外部，打開了一個通往真正外部的開口。就這樣，消化酶釋放至細胞之外，亦即分泌至消化管中。

我不厭其煩的反覆敘述細胞內部的狀況，就是想再一次讓讀者們了解細胞內部製造的消化酶分泌至細胞外，關係著多階段的膜動態。膜的生芽與脫離、球體的形成、細胞內的移動、向特定細胞膜領域移動、向細胞膜接近與接觸、膜融合以及開口。如果包覆這種小球體的膜是單純由磷脂質構成的薄膜，絕不會產生這種活力，但實際上卻源源不斷，而且極為精密的進行著。

我希望大家知道一個更重要的事

實，就是這種活力應是靠存在於這些小球體薄膜上的蛋白質所具備的形狀互補性而得以實現。

若真的如此，那麼我們自然就知道該去哪些島嶼上找尋「蝴蝶」了。

尋找未知的「蝴蝶」

鳳蝶之中，最美麗的是分布於赤道正下方的太平洋群島上的鳥翼蝶。其中名為帝王鳥翼蝶的種類，大型翅膀上有太陽眼鏡般的黑色優美曲線，上面閃耀著金屬光澤的帶狀圖案。雖然圖案類似，但是金屬光澤卻依棲息地而區分為翡翠綠、鈷藍或是芒果橘，就像是名牌手錶的色彩展示般充滿魅力。

在熱帶雨林的樹梢間輕快飛舞的新種大型鳳蝶，落入發現者的捕蟲網中，那種興奮的心情可想而知。三種不同顏色的鳥翼蝶，學名後面分別記入發現者的名字。

Troides (Ornithoptera) priamus priamus LINN（翡翠綠型）

Troides (Ornithoptera) priamus urvillianus GURIN（鈷藍型）

Troides (Ornithoptera) priamus lydius FELDER（芒果橘型）

找尋鳥翼蝶的博物學家所追求的，不外乎就是了解大自然的奧秘。為什麼自然界能夠誕生如此精緻的造形？要了解這個原因，他們能做的只有一件事，就是到處找尋，並一一記載下來。

請恕我大略的說明，也請不要計較我們用透明小片拼圖來與色彩繽紛的鳳蝶相比，其實當我們捕捉到未知的蛋白質時，內心湧起的感覺，與踏遍婆羅洲或新幾內亞密林的採集者們的興奮是相同的。因為，身為分子生物學者的我們也想要了解大自然的奧秘。

「採集」蛋白質的方法

那麼，「採集」新的蛋白質，並將它「記載」下來，到底是什麼樣的工作？

我們首先想定，職掌細胞膜活力的蛋白質，存在於包裹著消化酶顆粒的膜上，而這種顆粒大量存在於胰臟細胞中。也就是說，將蝴蝶的採集地鎖定在此球體上，尋找從細胞中單純收集顆粒的方法。

用顯微鏡觀察胰臟細胞時，可以發現它是高約十微米、上邊十微米，下邊三十微米左右的梯形，厚度也在大約三十微米左右。細胞中存在著許多塞滿消化酶，直徑約一微米的球形顆粒。

在化學上，有許多可以溶解最外側細胞膜的藥劑。如果使用這些藥劑來處理，細胞會被破壞，導致細胞內的成分全部流出。細胞內的內質網以及來自內質網的顆粒膜，膜的構造都與細胞膜相同，因此溶解細胞膜的藥劑也會溶解它們的膜。基於此原因，很難使用化學方法來處理。我們採取的是較原始而且有效的物理性破碎法，亦即將細胞磨碎的方法。

這種磨碎法的特殊之處，就是以鐵氟龍製的活塞在玻璃試管內上下磨擦。活塞與玻璃筒的內徑密合。不過更正確的說，應是為了進行精密的研磨，鐵氟龍活塞與玻璃筒之間僅有非常細小的間隙，大約二十微米。

將胰臟細胞與生理食鹽水（模仿生物體內浸泡細胞的環境而製成的溶液）一起放入玻璃試管中，然後由上向下塞入鐵氟龍活塞，受到擠壓的生理食鹽水和細胞為了躲避活塞而逃向玻璃管與活塞之間的微小空隙。但因為空隙過於狹窄，無法讓細胞毫損無傷的通過，結果細胞被磨碎。但是，細胞內的胞器，特別是直徑只有一微米的球形顆粒卻能安然通過。

活塞緩慢上下移動數次之後，細胞會完全被破壞。但另一方面，細胞裡的胞器則未受傷害的分散在食鹽水中。

不過在此階段，食鹽水裡並非只有原在細胞內的顆粒。細胞核和粒線體、內質網和高基氏體等遠比細胞小的胞器，以及被磨碎的細胞膜碎片等雜質也混合在內。我們必須將顆粒從其中分離出來。

這時最能發揮威力的就是離心機。將包含細胞胞器在內的混合物裝入強化塑膠製成的試管，然後呈放射狀的排列在稱為「轉子」的鑄鐵製圓錐台內。轉子裝在與強力馬達直接連結的軸上，在密閉的鼓內高速旋轉，向試管施加因離心力而產生的強大重力。眾多成分中，越重者（正確的說，密度越高者）越快下沉（被壓在試管的最底層）。

離心機的轉子大小、旋轉數（一分鐘可旋轉數百次至數萬次）、旋轉時間都可自由設定。與細胞成分一起加入試管的溶液種類也可改變（使用密度較高的溶液，細胞成分很難下沉，可以進行較精細的分離）。藉著各種條件的組合，就能在眾多細胞成分中分離出特定的目的成分。這種方法稱為密度梯度離心法。

細胞內的成分中，最大而且最重的是包著ＤＮＡ的細胞核。因此首先設定使它沉澱的離心條件，以將它排除。剩餘成分中，密度較高的是含有消化酶的顆粒和粒線體，其中的消化酶是我們的目標物質。這兩種成分的密度極為接近，但顆粒因為含有消化酶，因此密度稍高一些。微妙的調整離心條件，可以製造出顆粒先沉澱，上面疊著粒線體。粒線體為淺褐色，可與顆粒區分，再用細長的玻璃吸注器小心的將粒線體吸出。

就這樣，我們就可以成功的收集到單純的顆粒。不過，採集之旅才正要開始。

更進一步精製

我們打算研究的是與顆粒表面的膜結合的蛋白質，因為它們可能職掌著顆粒的膜的動態。換言之，我們需要的是橘子的皮，而不是裡面的果實。這裡所說的「果實」，是指內部的消化酶。

接著我們使用藥劑，稍微破壞顆粒的膜，讓顆粒內部的消化酶從龜裂處向外流出。再將剩下的外皮部分，亦即顆粒的膜浸在生理食鹽水中攪動數次，以沖掉消化酶。最後進行所謂超離心的極高速旋轉離心法，在試管底部回收顆粒膜。這種操作可以濃縮、回收分散在溶液中的顆粒膜斷片。

而且，這種方法可以選擇性的僅單離精製胰臟細胞中的特別成分——顆粒膜。我們經過多次反覆試驗，才決定最適當的精製條件。

精製的材料最好選擇大型動物的胰臟。老鼠和兔子等小型實驗動物容易飼養和處理，但是要收集未來實驗所需的大量顆粒膜，還是不得不犧牲大型動物。我們決定使用狗的胰臟，一隻狗的胰臟相當於數百隻的老鼠。

我們研究室所在樓層的下一層，是哈佛大學醫學院著名的心臟研究團隊，他們每天在實驗台上解剖狗，以收集心臟功能的資料。有一天，他們結束實驗後，準備將心臟和血管中裝了數條管子和電極的狗直接安樂死。這時，他們打內線電話給等在電話旁的我。

「Shin-Ichi（伸一），we've done. Are you ready?」

我背起裝滿冰塊的箱子走下樓梯。剛摘出的胰臟仍有餘溫，看起來像是一大塊粉紅色的鱈魚子。我立即在白袍之內先穿上一件滑雪用的羽絨外套，然後走進溫度只有攝氏四度的低溫室。為了使細胞的傷害降至最低，整個精製過程都必須在低溫下進行。

13

賦予膜形狀的物質

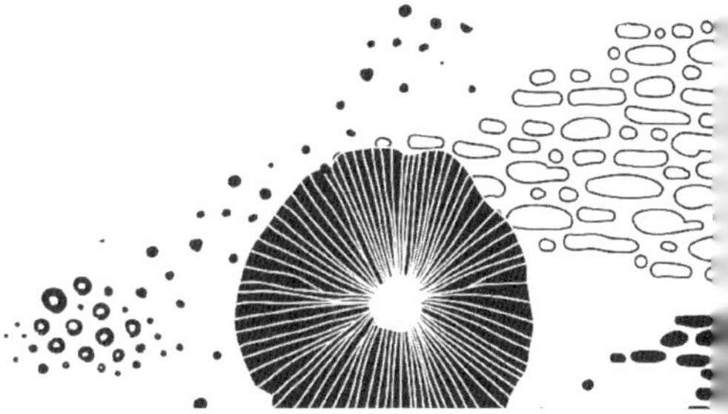

與其他團隊之間的競爭

我們所屬的哈佛大學醫學院研究大樓位於長木地區，從波士頓市中心搭乘路面電車向西行大約十五分鐘車程，與附近多間醫院組成一個醫學區域。附近還有其他大學及高中，這些建築由散步道相結合。散步道旁有水路和植栽，步道上到處有石橋與水路交織，行人可經由石橋往來兩岸。後來我才知道，這是出自設計紐約曼哈頓中央公園，打出「都市景觀」概念的設計師奧姆斯德（Frederick Law Olmsted）之手，被稱為使波士頓城市綠化的「翡翠項鍊」。

順著散步道，可以到達附近的伊莎貝拉嘉納美術館。來到波士頓的最初幾個月間，我多次經過這棟高雅的威尼斯式白色建築，每次轉頭看到刻有美術館名稱的牌匾，但是卻沒有機會進入參觀。正確的說，當時的我毫無悠閒欣賞美術作品的心情。

就與發現美麗蝴蝶不能落於人後同樣，發現新的蛋白質也必須搶得先機。

關於我們所追求的「獵物」，世界上至少有三個團隊參與競爭，相互之間都承受著可能被競爭對手捷足先登的壓力。只有率先抵達終點的團隊才能夠樹立旗幟，主張所有權。第二名的團隊則得不到任何榮譽。

蛋白質的存在位置能顯示它的機能。胰臟的消化酶分泌細胞中，有充填著消化酶的分泌顆粒。僅存在於分泌顆粒膜上的蛋白質，必定控制著膜的活力。因此，我們努力從胰臟中精製出分泌顆粒的膜，試圖了解上面存在著什麼樣的蛋白質。

解析精製而成的分泌顆粒，確認了上面存在著數種蛋白質。這時，我們了解的只有蛋白質概略的大小（分子量）以及它的存在量。蛋白質在被稱為聚丙烯胺膠體的薄板上呈現模糊的影子狀。

其中有一種蛋白質的數量最為顯著。由於對它的機能和性質都不了解，因此我們暫時稱之為ＧＰ2。ＧＰ是糖（glyco）與蛋白質（protein）的簡稱，我們使用別的分析法了解到這種蛋白質除了胺基酸外，身上還纏有糖所形成的鎖鏈。GP2的2，只是因為它的大小僅次於聚丙烯胺膠體而已。

但是我們確信這種蛋白質對於分泌顆粒膜的動態，肩負著重要的功能，因為我們注意到這種蛋白質具有奇妙的動態行為。關於這一點，或許其他競爭團隊還沒有發現，不過此事實也為我們帶來更大的壓力。

GP2的奇妙動態行為

細胞內部通常是非酸性也非鹼性的中性。酸鹼值的尺度稱為pH值，7為中間值，代表中性，降至6或5就偏向酸性，升至8或9則偏向鹼性。細胞內的pH值保持在比中性稍高的7.2∫7.4左右。對於一般的酶反應等生命活動而言，這是最適合的值。

將GP2放入裝有仿細胞內部環境製成的溶液中會發生什麼狀況？什麼都不會發生。因為GP2是易溶於水的極普通蛋白質。但如果將GP2置於弱酸性狀態下又會如何呢？GP2會沉入試管底部。原因是，在酸性環境中的GP2，分子相互之間會聚集成為大凝結塊而向下沉澱。

很奇妙的，將沉澱的ＧＰ２重新放回中性環境中，原來聚集的ＧＰ２分子又分散並溶於溶液中。也就是說，ＧＰ２會依pH的中性↓酸性變化，發生可溶性↓沉澱現象，而且這種狀態變化是可逆的。這小小的發現令我們非常興奮。

在細胞內部製造一個用封閉的膜包圍住的世界，也就是分泌顆粒，這個分泌顆粒的內部對細胞而言就成為外部。相對於細胞內的中性，這個顆粒的內部卻偏酸性。這個事實也是在當時了解到的。

還有一個重要的事實。分泌顆粒在細胞內，它的內部則貯存著消化酶。也就是說，分泌顆粒的外側（細胞的內部）酸鹼值為中性，內側為酸性，分泌顆粒的膜成為不同環境的屏障。所謂重要的事實就是指，ＧＰ２的尾巴連結著分泌顆粒的膜，它的本體則朝向分泌顆粒的內側，亦即酸性的一側。

蛋白質對於膜而言是朝哪個方向結合，這也是生物學上重要的拓撲問題。因為拓撲能確認位置，也就能確認該部位的機能。

細胞在自己的內部製造了另一個內部，成為它的外部，以這種區隔創造出秩序。內外有不同的環境，分別從事各自的反應與活動。蛋白質的拓撲則因應內外環境的不同，嚴密的決定要朝向哪一個世界生存。

與分泌顆粒結合的GP2的拓撲，對於膜而言是朝向外側，還是朝向內側，並無法「看」出來，但是可以用化學方法一探究竟。

前面已敘述了從胰臟細胞中完整取出分泌顆粒的方法。對此分泌顆粒，撒上會與蛋白質結合的特殊標識化合物，但這種標識化合物無法通過分泌顆粒的膜進入內部。經過一定時間後，沖洗掉化合物。然後破壞分泌顆粒，僅精製膜來進行分析。如果GP2存在於膜的外側，應會與標識化合物結合；GP2若是存在於膜的內側，就會被隔離而未與標識化合物結合。GP2的拓撲就是這樣決定的。

膜的秩序是如何建立起來的

我們將GP2放置在酸性環境中來調查它的動向，就是為了了解

ＧＰ２在細胞內部的內部之動態。ＧＰ２在酸性環境中分子會互相聚集，形成凝結體。這種試管內的實驗，是用特殊的酵素切斷ＧＰ２的尾部，然後收集與膜分離的ＧＰ２。實際的ＧＰ２，一端是與膜連接的。

現在請想像有一群小孩拿著氣球遊玩的景象。氣球是ＧＰ２，連結氣球與小孩的線，是連接ＧＰ２和膜的特殊結合，小孩們則是構成膜的磷脂質。如同小孩拿著氣球前後左右擺動般，連接著ＧＰ２的磷脂質也會跟著前後左右移動。不過，與小孩在運動場上遊戲同樣，只限於在二次元平面上移動。

下面純粹是推論。構成細胞，在細胞內部製造出區隔的膜，原本是非常安定而且柔軟的薄片。它是不定形的，也就是有所謂阿米巴原蟲狀起伏的東西。當這種不定形的膜生成球形分泌顆粒膜時，秩序就應運而生。到底是什麼力量、什麼樣的構造發揮了功能？

最初的變化，大概從被阿米巴原蟲狀不定形膜圍繞的某個區塊內部的pH值降低開始。存在於膜上的特殊裝置「氫離子幫浦」，將氫離子注入區塊，藉此降低區塊內的 pH。

不定形膜是由多數磷脂質分子整齊的呈二次元排列而成，其中存在著結合了 GP 2 的磷脂質，但大部分是沒有結合任何物質的普通磷脂質。就像運動場上只有幾個小孩拿著氣球，拿著氣球的小孩在這個時候還散布在所有小孩中間。

不久之後，酸鹼值降至 6 或 5.5 左右。這時會發生什麼狀況？氣球因應 pH 的變化，表面的化學結構轉換，製造出可以相互結合的凹凸。推測氣球根據此凹凸的互補性開始結合，逐漸形成二次元的集合。接下來又會如何呢？原來手持氣球任意走動的小孩，受到氣球的結合牽動，而被強制性的聚集至某個地點。

不定形膜的一部分在細胞內部被特殊化，或許這就是分泌顆粒膜形成時產生的機制。我們是這樣認為的。這時，因為氣球集合而聚集的小孩們就像浮在群集中的「筏」，就是這種筏形成了分泌顆粒的膜。筏在此時仍為平面的集合。

膜的形成機制

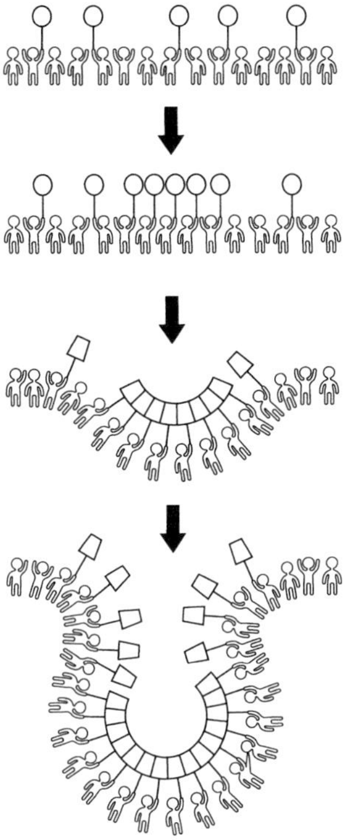

①一些孩子（構成膜的磷脂質）拿著氣球 GP2。

② pH 值酸性化，氣球開始聚集在一起，孩子們因此被聚集。

③想像氣球是梯型構造，具在一起就會形成曲線，孩子們隨氣球沿著曲線排成一隊。

④氣球形成球狀凹陷，孩子們形成芽狀突起。

假設GP2蛋白質並非球形的氣球，而是呈梯形構造的「飛行箱」（但飛行箱以相同長度的線與小孩連接）。於是，隨著pH值的酸性化而進行分子集合的飛行箱，在結合的同時，梯形的邊與邊相連接，可能會製造出平緩的曲線而非平面。結果，拉著飛行箱的小孩們形成的筏也由平面隆起，而製造出曲面來。

這正是從不定形膜的一部分為了形成分泌顆粒，形成芽狀突起的一瞬間。

此過程繼續進行，GP2成為由內部支撐的圓形膜構造，隨著GP2網絡構造的擴大，膜逐漸接近球形。之後，此部分被分泌的蛋白質（這裡指消化酶）填滿，芽狀突起的根部被束緊、脫離後，就形成了分泌顆粒，脫離原來的膜。

我們認為這是非常了不起的構想。與膜連接的蛋白質，由於形狀的互補性，膜的秩序被組織化。它的動力是pH值的酸性化造成蛋白質本身構造變化。因此分泌顆粒的內部為酸性pH，以蛋白質形態與分泌顆粒膜內側結合的ＧＰ２大量存在於其中。

其他細胞生物學研究者所發表的研究成果也給了我們很大的鼓舞。有資料顯示，將能夠使細胞內的氫離子幫浦停止作用的藥劑撒在細胞上，分泌顆粒的形成會同時停止。確實是如此嗎？如果氫離子幫浦停止，區塊內的pH不會酸性化。這樣的話，ＧＰ２即無法相互結合，分泌顆粒膜的組織化也不會發生。不過，只有我們了解這一點。

另外有人認為，將消化酶置於弱酸性下，消化酶會慢慢結合而形成大的塊狀。以酸性化為原動力，膜被組織化成為球形時，事實上，應該填充至膜內的「貨物」也會以酸性化為動力而自行集合。大自然是多麼單純而協調！我們的興奮也不斷從身體的深處湧起。

地毯式作戰

但是，單是這樣並不等於我們發現新種的鳥翼蝶。我們僅看到蝴蝶從樹梢飛過，卻無法證明牠是否真的為尚未發現的重要新種蝴蝶。必須確實的用捕蟲網捕捉到牠，正確的展開牠的雙翅，製作成標本，清楚的看到翅膀的形狀以及表面和背面的花紋才行。

具有相似性質或相同大小的蛋白質常有許多種，就像拼圖看起來都很類似一樣。看似相同的蛋白質卻各自有不同的固有形狀，原因即在於構成蛋白質的胺基酸排列的特殊性。

胺基酸與蛋白質的關係，相當於文字與文章的關係。字母的排列順序，編織出特別的文章，如念珠般排出數十、數百種胺基酸的排列順序，正是用來區別某一個蛋白質與其他蛋白質的花紋。

要主張自己發現了具有重要功能的新蛋白質，必須確定它的全胺基酸排列，清楚說明它是未知的物質。這時才能確定新種的蝴蝶是實在的。

由GP2的大小來思考，推測這種蛋白質由大約五百個胺基酸連接而成。五百個胺基酸排列必須正確決定，不能有任何一個解讀錯誤。將胺基酸從蛋白質一個一個切離，來決定它們是二十種胺基酸中的哪一種。這樣的作業必須重複五百次。即使有非常充足的研究資金，而且能夠精製出純度非常高的ＧＰ２，目前在技術上也是極為困難的課題。

當時，亦即一九八〇年代後半，我們只有一個選擇，就是放棄決定蛋白質本身的所有胺基酸排列，僅解讀決定胺基酸排列的基因密碼。

如前面曾提到的，指定一個胺基酸的基因，有三個鹼基對應。因此由五百個胺基酸構成的蛋白質，基因由一千五百個鹼基組成。文字數一口氣增加三倍，但也有絕對的優點。那就是鹼基只有Ａ、Ｔ、Ｃ、Ｇ四種。要從性質相似的二十種胺基酸中確認某一種類，需要極高的分離精確度。若僅由四個不同的物質中找出一個來，相對來說是比較容易的。

更重要的是能擴增基因。例如利用穆利斯博士開發的ＰＣＲ，它與蛋白質不同，無需擔心樣本因實驗而不斷流失。

最大的問題是找尋ＧＰ２基因在基因組中的位置。基因組的資訊量高達三十億個鹼基，必須從其中找出ＧＰ２的一千五百個鹼基的位置。就像在沒有地圖的狀況下，要找到某個人的家一般。

在基因組計畫已經完成的今天來看，這實在是愚蠢而沒有效率的行為。

全基因組排列資訊，像完全電子化的詳細住宅地圖。只要知道姓名或地址的一小部分，在電腦上進行排序後立即可以確認地點。

但是在十餘年前，我們手邊沒有任何地圖。我們能夠做的，只有挨家挨戶敲門，比對人像與居住者，進行所謂地毯式作戰。我不斷反覆這種作業，慢慢縮小GP2基因的所在位置。

雖然沒有電子郵件和網路，但是看不見的葡萄藤不可思議的向整個世界蔓延。透過藤蔓，經常傳來短時間內很難辨別真偽的消息。例如，紐約大學的團隊發現了GP2的重要性，正朝向基因的探索邁進；德國的研究者好像已經領先，他們似乎已接近了目的地。

我們完全不敢鬆懈，感覺身後一直有人在追趕。我們害怕翻開新的學術雜誌，甚至經常夢到某個團隊發表了GP2基因的構造。

小小的一片拼圖

不久之後，月曆上的數字顯示春天即將到來，不過水路依然結冰，樹上也只有少數花苞，要等到吹在臉頰上的風給人比較舒適的感覺時，歐姆斯特公園步道兩旁的黃色連翹才會一齊開花，這時人們也才能安心的走出室外。

接近三月底時，波士頓的漫長冬季終於結束。雖然早晨仍吹著強風，但已不像冬天時那樣刺骨。我們的團隊確實逐漸接近終點，但是誰也不知道離終點到底還有多遠。我來到研究室，換上實驗衣，繼續昨晚的工作。這時，義大利籍的同事羅貝多也來了。

「伸一，你知道嗎？發生了一件大事。」

剎那間，我愣住了。繼續聽他說明，我才知道是他故意嚇唬我。雖然跟我的基因無關，但是更令人不可思議。

舞台是離哈佛大學醫學院只有幾條街之隔的伊莎貝拉嘉納藝術博物館。深夜一點左右，一名穿著波士頓市警察制服的警官緊急來到美術館前，透過對講機告訴美術館的保全人員有小偷侵入，請保全人員讓他進入調查。

完全沒有發現有人侵入的保全人員，被警官的緊張口氣震懾住，於是將門打開。門口確實站著一名警官，當保全人員警覺到警官繞到自己身後時已來不及，他很快的被捆綁住。假扮成警官的犯人上樓尋找目標，他對其他收藏品似乎沒有興趣，直接來到維梅爾（Johannes Vermeer）的名畫〈合奏〉前面。

到了早上，清潔工來到美術館才發現犯行。犯人應是事先調查過美術館因為財政困難而未裝設高科技的防盜設施，經過周密的計畫後，選擇適當時機下手而得逞。分散在全世界的維梅爾的作品中，唯有〈合奏〉至今下落不明。我原本打算待在波士頓期間找機會去欣賞，現在希望落空了。我仍然記得羅貝多說的一句話：

「我在這幅畫被偷之前先去欣賞過了。」

這年秋天，我們的團隊在美國細胞生物學學會上發表研究報告，確認了GP2基因以及它的完整胺基酸排列。另一個競爭團隊也在此次學會中發表了與我們完全相同的結果。換言之，雙方同時抵達終點，也相互確認了研究的正確性。在人類基因組的全貌已經了解的今天，那不過是小小一片拼圖而已。

14

數量、
時序、剔除

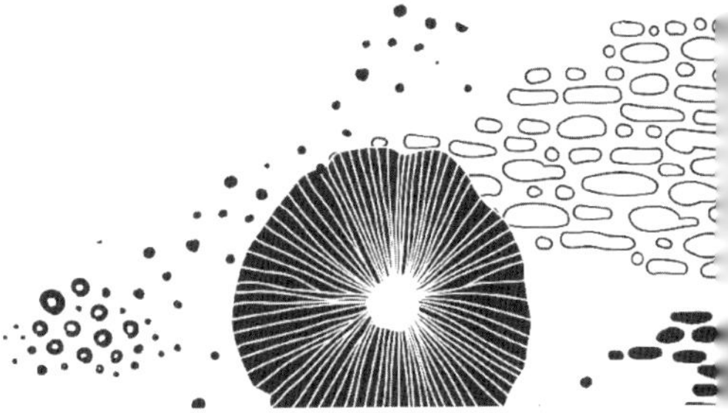

如何知道某個零件的功能？

繞到電視機後面，打開背面的配電盤來看，上面有許多紅色、綠色、黃色的小零件密密麻麻的排列著。當然我指的是舊型的陰極射線管電視，最近的薄型電視我還沒有看過它的內部。

這些像別針的小零件，例如某個有三隻腳的黃色零件，我們要如何才能知道它的功能？即使能用顯微鏡觀察它的內部，大概也只能看到奇特的層狀構造，而無法了解它的功能。

有一個或許有些粗暴、但卻有效的方法，那就是嘗試將這個零件拔掉，看看有什麼變化。用鉗子將零件的腳剪斷的一瞬間，如果電視聲音消失，就可以推斷這個零件與聲音的輸出有關。如果影像失去色彩，那麼就是在彩色上具有某種功能。

這個方法，也能應用在生物學上。如前面所述般，為生命體塑造形狀的要素，相當於一片一片的拼圖，也就是蛋白質。要了解某個蛋白質在生命現象中扮演什麼角色，最直接的方法就是製造這個蛋白質不存在的狀態，來觀察這時生命出現什麼異常。

我們捕捉到存在於胰臟細胞內的蛋白質GP2。關於GP2，我們所進行的就是這樣的實驗。

我們確信GP2對細胞膜的活力具有重要的功能。它的結構和性質也確實顯示了這一點。而且，與運送胰臟消化酶分泌顆粒的膜結合的蛋白質中，GP2的數量也最多。正因為重要，因此才大量存在。

不過，為了讓其他人也相信GP2在生物學上的重要意義，必須有決定性的方法，來證明GP2是不可缺少的蛋白質。這時，只要製造出GP2不存在的狀態，並以實驗顯示胰臟因此陷入重大危機即可。

如果沒有GP2，細胞膜就成為一群沒有拿著氣球，隨意走動的小孩，處於無秩序狀態。膜如果不能組織化，就絕對無法形成分泌顆粒。在老鼠實驗中，製造出這種狀態，再用顯微鏡觀察胰臟即可清楚了解。胰臟細胞內的膜運動停止，分泌顆粒等也全部消失。將此狀態拍攝下來的衝擊性顯微鏡照片，必定能永遠留在研究者的記憶中。

破壞設計圖

蛋白質與電視的二極體和電晶體最大的不同是，同一個蛋白質的分子數可達數萬，甚至數億個，而且非常分散。不像拔掉一個電晶體那樣簡單，要讓散布在生物體內的數億個分子同時成為「不存在的狀態」是不可能的。

那麼，要怎麼辦才好呢？這時只要破壞設計圖就可以了。蛋白質的構造依賴它的胺基酸排列，胺基酸排列則被DNA的鹼基排列轉化成密碼，寫在基因組上。因此在理論上，利用精密的手術，將特定的鹼基排列從基因組上切除，就無法再製造出被密碼化的蛋白質。

在生物學的歷史上，首先針對大腸菌和酵母之類的單細胞生物進行過這種嘗試。單細胞生物的設計圖，亦即基因組DNA，只有一個。如果能從某個大腸菌除去特定的蛋白質，那麼所有因細胞分裂而繼承了大腸菌基因組的子孫，都無法再生產這種蛋白質。因此只要觀察大腸菌的狀況，看看發生了什麼異常即可。

實際上，自然界早就以隨機的形態進行了這樣的實驗，那就是突變。大腸菌每數十分鐘分裂一次繁衍子孫。二成為四，四成為八，八成為十六，每一次的分裂都會複製基因組DNA。但這時會以極為微小的一定機率發生複製錯誤，例如基因密碼的拼法改變或欠缺。這種錯誤有可能僅發生在DNA鹼基排列的某一點上，狀況輕微，也可能重大至被密碼化的蛋白質完全失效。

我們可以讓大腸菌在玻璃皿上同時生育數十萬個子孫（正確的說，是數十萬個菌群。一個菌群為來自單一大腸菌的子孫集團）。因此即使是以極低的機率發生的複製錯誤，也能過濾龐大數量的對象，從其中找出突變體。

這樣可以發現許多有趣的突變，並與基因上的錯誤與蛋白質功能的缺陷，以及與缺陷帶來之異常關係做比對。例如，欠缺蛋白質A時，大腸菌就無法增殖，因為此時大腸菌無法再製造出所需的營養素B。於是，蛋白質A的功能為營養素B之合成酶的「生物學」就能成立。

不久之後，研究者對於複製錯誤引起的突變，不再依賴自然界的偶然發生，更進一步找出以人為方式提高發生機率的方法。例如對大腸菌施加化學物質，來阻礙DNA複製，或是照射放射線來傷害DNA（這些研究也可以了解什麼東西會威脅我們的DNA。因為如此，我們會避免香菸中含有的突變原物質，也會認為車諾比事件是悲慘的記憶）。

人為的破壞基因，以調查所產生的影響，這種方法稱為「剔除實驗」（knock-out）。將基因擊潰，是美國人的粗暴說法。

我們採取的是GP2剔除實驗，而且並非以大腸菌為對象，而是針對老鼠之類的多細胞生物。原因是GP2並不存在於大腸菌之類的單細胞生物中，它是在高等動物身上才能發揮功能的蛋白質。

剔除實驗的瓶頸

生物學的歷史，也是方法的歷史。將剔除實驗用在多細胞生物上，會遭遇很大的技術障礙。

多細胞生物每個細胞都各有一個基因組，若要從全身除去某個蛋白質，必須對所有細胞的所有基因組都實施資料消除。人類或是老鼠之類的實驗動物，每個個體都由數十兆個細胞組成，因此要對每個細胞進行剔除實驗是不可能的。

那麼只有回到出發點上，也就是受精卵。對於受精卵，如果能夠消除某些資料，會發生什麼樣的狀況？從受精卵出發的所有細胞，都繼承了相同基因組的複製，因此從全身的細胞消除特定蛋白質的存在是可能的。至少在理論上是如此。

大自然也曾做過這種偶然性的實驗，即遺傳性的先天疾病。受精卵上的基因異常，反映在全身細胞上的結果就是發生障礙。如果並非偶然，而是刻意以GP2的基因為標的來引發這種疾病是否可能？

單細胞生物方面，能夠實現剔除某種特定基因的實驗，並非因為是特意的，自由的進行，而是靠「數量」來完成。因為可以從玻璃皿上的數十萬、數百萬個大量細胞中，找出特定基因偶然被剔除的細胞。

高等動物的受精卵則無法辦到，原因在於不可能收集到數十萬個規模的大量受精卵。

還有一個重要因素，即受精卵絕不會為了實驗者而「停止不動」。受精卵在培養皿上僅在剛受精完的短暫時期能夠生育，之後只能在母胎環境中進行正常的細胞分裂和分化。受精的瞬間，發育與分化的時鐘開始計時，進行永不停止，而且絕不可逆的過程。這時若勉強實驗性的介入，受精卵就會停止發育。

也就是說，對於單細胞生物我們能夠進行機率雖低，但可引起基因突變，並從大量細胞中找出突變成功的細胞，但是高等動物則不可能存在這種時機。這是數量與時機的問題。

不過，曙光會從意想不到的地方射進來。

129 品系老鼠

波士頓位於紐約北方大約二百公里處。由波士頓沿九十五號州際高速公路北上，不久即可越過麻薩諸塞州邊境，進入新罕布夏州。

九十五號州際高速公路經過反覆的平緩起伏後，進入遼闊的森林地帶。以黃色楓樹為主的落葉闊葉樹林與針葉樹林交織。跨越河川的狹窄橋樑上架著木製的屋頂，以防止雪害。公路有時會來到海岸地帶，經過小型的港口城市。大西洋的冰冷海水不斷打向岸邊，混凝土的防波堤上堆著養殖龍蝦的方型籠子。

很快的又到達麻州邊境，再前進就是美國最東北部的緬因州。海岸變得複雜，而且散布著許多小島。這裡緯度已接近四十五度，相當於日本北海道的網走一帶，距離波士頓已有數百公里。車子在海邊跨越大橋，進入沙漠山島。經過曲折蜿蜒的道路，高台上突然出現一座白色建築。不明就裡的人一定會奇怪在這個人跡罕至的地方，這棟像宗教設施般的大樓到底是什麼。其實這裡是著名的傑克森實驗室。

在美國醫生作家庫克（Robin Cook）的醫學推理小說中，這裡可能是瘋狂科學家悄悄進行人體實驗的地方，事實與小說正好完全相反。傑克森實驗室是世界上最優秀的老鼠研究據點。過去七十五年來，陸續開發出純種鼠、突變鼠、疾病模型鼠等。實驗室卓越的管理和供應系統，對世界的生物學和基礎醫學有極大的貢獻。

傑克森實驗室的年輕研究員史蒂芬斯，發現到研究所中飼養的無數老鼠中出現了不可思議的異常。他給了這些老鼠一個不太可愛的名字——「129品系」。當然，他並不知道這個數字在數十年後成為偉大的符號，當時只是這些老鼠的睪丸上長出的腫瘤引起他的注意。

稱之為上帝的惡作劇也不為過。腫瘤通常是沒有個性、只是以增殖為目的的細胞塊，但是129品系老鼠生出的腫瘤卻不同。腫瘤上生有毛，而且混有肌肉細胞和神經細胞，另外還發現了如心臟般跳動的細胞，有的甚至生有細小的牙齒。換言之，這種腫瘤呈現了所有形態的細胞合而為一的狀態。

最初他完全不知道發生了什麼問題。但看似混沌的腫瘤，在史蒂芬斯的腦子裡慢慢成形。這並不是上帝的惡作劇。原來是應分化為睪丸一部分的

「幹細胞」，找不到自己應該走的路，而變成了所有可能形成的狀態。

史蒂芬斯本身並沒有使用「幹細胞」一詞，當時他是使用原始細胞。他的觀察果然中的。129品系老鼠的分化程式時鐘，出現了有關數量和時序的「差錯」。

什麼是ES細胞?

若要追蹤之後ES細胞的發展，恐怕得另外寫一本書來說明，而且未來的諾貝爾獎得主，一定有不少研究與此相關。這裡姑且長話短說。

一九八〇年初，劍橋大學伊凡斯（Martin Evans）的研究室，以及他的得意弟子瑪婷（Gail R. Martin）位於加州大學的研究室，幾乎同時間成功從史蒂芬斯的129品系老鼠的胚胎（受精卵進行分裂，經過一定時間後的細胞塊）中取出幹細胞。129品系老鼠體內不僅有產生奇妙腫瘤的細胞，所有部位都有許多靜靜等待成為某種東西之時機的細胞。

這就是胚胎幹細胞（簡稱ES細胞）確立的一瞬間。關於數量與時序，

ＥＳ細胞具備一種罕見的性質，它不像原本的生命只能隨著時間軸前進，而且只能單向往前。將ＥＳ細胞從原來的胚胎上切離，然後在培養皿上給予養分來培育，它會停止分化，但是細胞仍繼續分裂，能夠無限的增殖。也就是說，在時序停止的狀況下，數量仍會增加。

更令人驚訝的是，用細的吸注器將增加的ＥＳ細胞注入另外製造的老鼠胚胎中，ＥＳ細胞能順利融入老鼠胚胎的細胞群，變成胚胎的一部分，並重新開始分化，不久之後成為一隻完全健康的老鼠。換言之，ＥＳ細胞並不像腫瘤那樣混沌，而是進行有秩序之狀態行為的正常原始細胞。

這時，老鼠身體的某個部分由來自ＥＳ細胞的細胞構成，其他部分則由接受了ＥＳ細胞之胚胎的細胞形成。也就是說，ＥＳ細胞內部隱藏著能分化成所有細胞的可能性（不過，ＥＳ細胞雖然能成為神經、肌肉、牙齒、毛髮等各種分化細胞，卻無法成為一個完全的個體。換言之，ＥＳ細胞具有分化能力，但是並沒有受精卵所具備的全能性）。

這種機制使得高等多細胞生物的基因剔除成為可能。ＥＳ細胞在培養皿上，即使不進行分化，也能無限的反覆細胞分裂，增加至數十萬、數百萬個。這樣一來，就可以與大腸菌同樣，同時處理大量ＥＳ細胞。數量與時序的問題獲得解決。

雖然機率非常低，但是仍可以在ＥＳ細胞內部的基因組上，刻意的使ＧＰ2密碼化基因欠缺。它的機率不到百萬分之一。不過ＥＳ細胞可以無限度的增加數量，只要有時間和耐性，還是可在百萬個ＥＳ細胞中篩選出缺少了ＧＰ2基因的細胞。在此過程中，由於分化已停止，因此129品系細胞就像靜靜的等待著研究者。

ＧＰ2剔除鼠誕生

就這樣，我們放棄了有關數量和時序的多細胞生物的分化計畫，成功的製作和篩選出ＧＰ2基因被剔除的ＥＳ細胞。

我們壓抑興奮的心情，謹慎的繼續前進。由於能使這種特殊的ＥＳ細胞增殖至充分的數量，因此我們將半數冷凍保存。將珍貴的細胞裝入細小的塑膠管內，沉入攝氏負一九五度的液態氮容器中保存。未來，即使實驗時發生問題而失敗，仍可將冷凍保存的ＥＳ細胞解凍，重新進行實驗。

另一方面，我們讓老鼠懷孕，然後摘下牠的胚胎。在此胚胎中植入ＥＳ細胞的時期非常重要，使原本停止的分化重新開始的時機是重要關鍵。

受精卵相繼細胞分裂而形成胚胎。受精經過五天左右會成為名為囊胚的球狀中空細胞群塊。這時使用非常細的吸注器，將ＥＳ細胞注入中空的胚胎內部。再將這種囊胚植入預先呈疑似妊娠狀態的代理孕母老鼠子宮內，培育成胎兒。所有的過程都需要極為熟練的技術和先進的實驗設備。實際上，每個階段都要耗資七位數的研究經費。

代理孕母生下的幼鼠毛色為黑底摻雜著褐色的斑點。幼鼠是一個個體，不過是由ＥＳ細胞與囊胚細胞混合而合成。ＥＳ細胞來自129品系老鼠，129品系老鼠的毛色為淡褐色。囊胚我們刻意使用與129品系不同毛色（例如黑色）的老鼠。兩個系統組合後，幼鼠的兩種毛色呈馬賽克狀，成為明顯的指標。我們稱這種老鼠為嵌合體。我們對幼鼠的毛色呈斑點狀感到安心，到此為止一切順利。

但是真正重要的從現在才開始。我們希望製作出「全身細胞」都欠缺GP2的老鼠，來觀察它的影響，而非只有部分細胞欠缺。因此我們必須製造出全身皆來自ES細胞的完全剔除老鼠，而不是摻雜缺少了GP2的ES細胞的嵌合體老鼠。

如何才能成功呢？唯有僥倖，我們只能祈禱嵌合體的精子或卵子細胞偶然來自ES細胞。注入胚囊內部的ES細胞在成為個體時會到達哪個部位，形成什麼樣的馬賽克紋路，完全靠偶然的機會。看起來似乎完全可以控制的ES細胞操作技術，它的核心部分仍是個黑洞。

我們製作出生有ES細胞的多個囊胚，盡可能生出多大量的幼鼠。要得到幸運，就得有足夠的數量。再讓這樣形成的嵌合體懷孕，並生出下一代來。之後再進行交配，若運氣好，出現來自ES細胞的精子和來自ES細胞的卵子，受精後就會生出完全剔除老鼠。由於所有的細胞都來自129品系的ES細胞，所以老鼠的毛也與129品系同樣為褐色。

ＧＰ２剔除鼠終於出生了。這種老鼠所有的細胞都來自ＥＳ細胞，所有的細胞都無法製造出ＧＰ２。換言之，這種老鼠的內部一個ＧＰ２分子都不存在。結果，這種老鼠的胰臟細胞應該會出現意想不到的異常。

但是，ＧＰ２老鼠看起來是非常普通的老鼠，沒有任何特別之處。老鼠在塑膠盒內到處跑動。或許細部有某些異常，我選出一隻加以麻醉，小心的摘出牠的胰臟。我用特別的試劑將胰臟固定後，製作成標本用顯微鏡觀察。切成薄片的胰臟標本，像淡粉紅色的透明花瓣般貼在玻璃載片上。

我慢慢對準焦點，粉紅色的視界成為清晰影像。我屏住呼吸。梯形的胰臟細胞、圓形的核、棒狀的粒線體，以及分散其中、呈完整球形的分泌顆粒。我將玻璃載片前後左右移動，使視界能夠到達每一個位置。細胞核、粒線體、完整球形的分泌顆粒，細胞的表情平靜而均一，沒有發現任何異常。在顯微鏡下，圓形視野中的ＧＰ２剔除鼠的細胞完全正常。

15

時間是
解不開的折紙

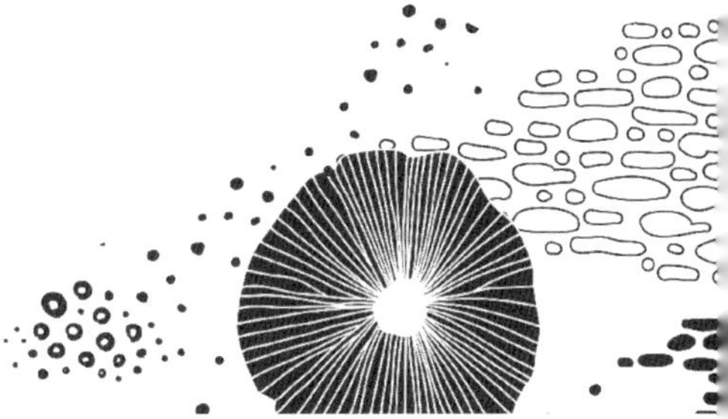

雖然已剔除，但……

我們感到迷惑，也有點失望。即使不具備任何GP2蛋白質，老鼠也沒有出現任何異常。形狀完全正常的分泌顆粒安然存在於細胞內部。我們原先認為GP2對分泌顆粒的組織化扮演著重要角色的假說，被無情的粉碎。

我們首先懷疑自己的實驗方法有瑕疵。假說是正確的，或許是技術上出現某些錯誤，使得GP2的剔除不夠完全。於是我們調查基因剔除鼠的DNA、信使RNA，以及有無GP2蛋白質。我們確實在DNA的層次實施了基因的剔除，使GP2的信使RNA無法製造出來，從結果來看，這種老鼠體內沒有任何一個GP2分子。即使如此，老鼠依然充滿活力。

那麼，是我們的假說錯誤嗎？GP2並非重要而必需的分子？普通的老鼠分泌顆粒膜上確實存在著GP2。難道GP2是可有可無的分子嗎？

將電視內部配電盤上的所有零件都拔除，電視依然正常播放，影像和聲音也沒有異常。面對這樣的結果，我們可以怎麼想？排列著大量完全無用的零件，這實在違背經濟的原則。它們應該是有各自的功能，因此才被配置在各自的位置上。

這也適用於生存現象上。背負著不必要雜物的生物，必然不利於生存競爭。我們認為生物應選擇有效率的構造進行進化。例如盲腸或扁桃腺，即使切除對生命也不會有影響。但盲腸和扁桃腺也並非完全無用，在特殊狀況下，它們還是扮演免疫器官的角色。只是在公共衛生非常進步的現代社會中，平時沒有需要而已。

因此以電視零件的例子，我們可以思考如下。某個零件跟一般操作無關，僅在進行特別操作時，例如進行DVD錄影、顯示字幕、切換語言等時候才發揮功能。因此欠缺這些零件的影響，只有在特殊狀況下才會顯現出來。

我們探索GP2的「特殊」功能，將老鼠置於各種狀況下來觀察。例如，大量餵食使牠們的身體成為需要大量消化酶的狀況；相反的，一定時間停止餵食而成為缺乏蛋白質的狀態；不供應飲水以增加老鼠體內離子平衡的負擔；或是經過長時間餵養而達到老化的狀態等。

但不論在任何狀況下，GP2剔除鼠與對照的正常老鼠之間，行動、代謝或生化學的指標等各方面都沒有出現異常。GP2確實是無用之物嗎？還是我們發生了重大錯誤和疏忽？

引發狂牛症的普里昂蛋白質

雖然剔除了基因，卻沒有出現任何異常。我們抱著高度興趣而持續研究的另一個課題，也有完全相同的現象。那就是普里昂蛋白質在狂牛症中扮演的角色。

所謂普里昂蛋白質，是存在於脊椎動物腦細胞中的蛋白質，與胰臟的GP2同樣，以糖基化磷脂醯肌醇（GPI）為錨（在說明GP2時，這相當於連接氣球〔＝GP2分子〕的「線」），與細胞膜連接。而且和GP2一樣，它的功能僅止於各種推測，至今仍然不明。由於它刻意以特殊的方法與細胞膜結合，因此推測它應與細胞膜的運動或膜內外資訊的傳達有關，但是它真正的功能始終不明。

但有一點已經了解的是，牛罹患狂牛症時，腦內的普里昂蛋白質的立體結構會發生變化，成為異常型。異常型普里昂蛋白質變性的結果，變得容易凝結，多數分子互相結合在腦內沉澱。繼續下去後，腦細胞會受到傷害，出現無法站立、行動異常、昏睡等狂牛症特有的症狀，最後死亡。

那麼，正常型普里昂蛋白質在腦細胞內到底具有什麼功能呢？若能了解這一點，或許就可以掌握狂牛症的線索。

我們試圖進行基因剔除實驗。對牛進行剔除實驗雖非不可能，但是場所、技術都有困難。因此我們還是決定使用老鼠。老鼠也有普里昂蛋白質，餵食老鼠狂牛症的牛腦，可使老鼠也發生狂牛症。也就是說，老鼠感染了狂牛症後，可以成為這種疾病的模型。首先進行這項實驗的，是瑞士的一個研究團隊。

當初預測，剔除了普里昂蛋白質基因的老鼠，應會出現與罹患狂牛症的牛相同的症狀，亦即顯現步行障礙等神經症狀。罹患狂牛症的牛會出現神經症狀，是因為正常型普里昂蛋白質因疾病而變質，失去原有的功能所致。

但是，剔除了普里昂蛋白質的老鼠正常出生，成長後也非常健康，沒有任何異常。瑞士的研究團隊花了很多時間深入解析這隻老鼠，也沒有發現異常之處。老鼠的壽命大約二年，基因剔除鼠的壽命並未縮短，到壽命尾期也沒有發生特別的神經症狀。不論在生存或健康的維持上，普里昂蛋白質似乎是即使不存在也沒有問題的分子。

嵌入不完全的基因

於是他們企畫了下一個實驗。對於剔除了普里昂蛋白質的老鼠，重新嵌入正常的普里昂蛋白質，看看有什麼變化。若將原本剔除的基因直接還原，大概不會發生任何事情。事實上，實驗結果也是如此。

但是，研究者的固執，加上永無止境的好奇心，他們嘗試將實驗做些改變。除了將正常的普里昂蛋白質直接還原至剔除老鼠的體內外，還嵌入了部分不完全的普里昂蛋白質基因。

這時使用的「不完全基因」，是從普里昂蛋白質的前端開始缺損了大約三分之一的分子。這種ＤＮＡ的精密作業，利用現在的基因工程技術已可隨心所欲的進行。切割、黏貼、連結、交換基因等，顧名思義，就像用剪刀和膠水製作紙的工藝品一樣容易。相當於剪刀的是能切斷ＤＮＡ的限制酶，相當於膠水的則是ＤＮＡ連接酶。與剔除實驗相對的，將經過人工精密操作的基因，重新嵌入生物個體的實驗，即稱為「基因嵌入實驗」。

前端缺少了大約三分之一的普里昂蛋白質基因，會製造出什麼樣的蛋白質呢？僅剩三分之二的胺基酸在腦內對折，成為不完全的普里昂蛋白質。換言之，製造一片不完整的拼圖。就像六個凸出部分缺了少兩個，其餘四個凸出部分仍能與周圍的拼圖緊密結合。

接受了這種不完全的普里昂蛋白質分子的老鼠又會如何呢？

出生後短時間內毫無問題。但是這隻老鼠漸漸出現異常行動，例如腳步錯亂、從台子上落下、身體顫抖等，這種症狀稱為運動失調，起因於掌管運動的腦部發生障礙。不久之後，老鼠衰弱而死。因為，不完全的普里昂蛋白質會慢慢使腦部構造改變。

生命不是機械

這一連串的事態到底意味著什麼？完全不具備普里昂蛋白質的老鼠並沒有出現特別的異常。

反而是缺了前端三分之一的不完全普里昂蛋白質，亦即有部分缺損的拼圖，為老鼠帶來致命的異常。

構成電視電路的元件，將某一零件取下，電視仍能正常播出，但將此零件稍微破壞，電視卻無法播出。有可能出現這樣的情況嗎？通常是相反的。零件損壞如果只是局部的，那麼或許影像多少有些混亂，但應該還能播放。若是全部零件都欠缺，那麼影像必定消失不見。

零件部分缺損會帶來破壞性的傷害，但一開始就完全欠缺零件卻安然無恙。到底是什麼樣的系統會出現這樣的動態行為呢？

是的，我們忽略了某些重大的錯誤。所謂重大的錯誤，直截了當的說，就是對「生命是什麼？」這個基本問題的認識過於膚淺。而且，忽略了「時間」的概念。

生命並非如電視般的機械。這個比喻本身就有很大的錯誤。我們所實施的基因剔除操作，與拔除電路板上的零件不同。

我們的生命從受精卵成立的瞬間即展開。它隨著時間軸進行，而且是不可逆、單向前進的。

各種分子，亦即職掌生命現象的小拼圖，會在某個特定的部位、特定的時間陸續被製造出來。這些新誕生的分子，與已經存在的分子之間，依形狀的互補性發生相互作用。這種相互作用藉著反覆的離合與集散，逐漸擴大網絡，導出動態的平衡狀態。完成一定的動平衡狀態後，成為一種訊號，然後再開始下一個動態平衡狀態的階段。

在此過程中，原本應該在某個部位或某個時間製造出來的分子，若有一種沒有出現，會發生什麼樣的事態？動態的平衡狀態大概會盡可能彌補欠缺的分子，移動平衡點，來進行調節。因為這樣的緩衝能力，正是動態平衡系統的本質。這種要素欠缺時，平衡就會朝將它封閉的方向移動；要素過剩時，則往將它吸收的方向移動。

如果因為酶之類的分子欠缺而導致某種反應無法進行，動態的平衡可能會開闢其他路徑來擴大迂迴反應。結構性的分子缺損，像堆積磚塊時出現空洞的話，它會增加生產類似形狀的分子來填補破洞。因此生命現象預先準備了各種重複與過剩，而且存在著多數類似的基因，以及為了得到相同生產物而發生的相異反應系統。

雖然剔除了某個基因，從受精卵開始，依然能夠順利完成幼鼠的出生，就是因為動態的平衡在中途不斷補充欠缺的分子，使分化與發育的過程能夠持續到最後。反應的結局就是產生出新的平衡。

動態平衡的容許性

當欠缺某一種分子而帶來決定性的傷害時，動態平衡會將它的影響減至最低，但是，如果無論如何都無法修復時，會發生什麼後果？

胚胎的發育若無法進行至下一階段，那麼在此時就面臨死亡。也就是說，原在進行分化，逐漸形成老鼠形狀的細胞塊，在某個階段會停止發育。在動態平衡的腳步停止時，熱力學法則就會毫不客氣的發揮作用。於是細胞塊發生自我融解，不久之後就被吸收而結束。換言之，這種致命的基因剔除實驗，它的結果是不會公諸於世的。

實際上，過去嘗試的基因剔除實驗，個體大多不會產生任何異常。但另一方面，無法出生的胚胎停止分化而死亡的例子也不少。致命的剔除實驗所顯示的，只是該基因為胚胎發育上不可欠缺的重要分子，但還沒有了解到它是如何的不可缺少時，發育的過程就關閉了。

如果缺損並不致命，有可能支援或避開的話，動態平衡系統應可努力修補，使系統具備最適合的適應力和可變性。這也是「動態」平衡的特性，也可說是生命現象時常顯示的寬容性或容許性。平衡在每一個部分會反覆分解與合成，同時因應狀況發揮它的圓滑性或柔軟性。

但對動態的平衡而言，這種容許性也可能發生相反的作用。平衡系統面對偶發性的分子缺損能夠彈性因應，但是卻不會預測到人工性的偽造物。在組織化的過程中，有六個凸出部分的分子缺少了兩個凸出，使用其餘四個凸出部分與周圍的分子結合，會有什麼結果？大概該部位的平衡仍能成立，組織化繼續向下一個階段前進。但是欠缺的二處凸出部分則仍然空著。生命對這種部分性的操作並不擅長。

分化進行時，分子之間形成的微小空隙會如何變化？空隙周圍的分子或許會一點一點移動，雖非完全，但也能讓空隙減至最小。

但是時間已經太遲。周圍的分子本身與其他分子之間具有相互作用，已將周圍包圍。因此，試圖使空隙減至最小的分子，如果不規則的移動，它的行動反而會在別的部位製造出新的空隙來。這種變化經過的時間越久，對全體的影響越大。由微小的空隙開始的變化，會擴大至整個網絡，不久之後就會帶來無法恢復平衡的致命傷。

顯性抑制現象

蛋白質分子的部分缺損或局部改變，比欠缺整個分子造成的顯性抑制作用更大。刻意引進部分改變的分子，對生命的影響比分子完全不存在更大。

顯性抑制現象是分子生物學領域也廣為人知的生命系統固有的現象。失去了前端三分之一的不完全普里昂蛋白質，會為老鼠帶來致命的失調症狀，它所引起的大概就是下面所述的顯性抑制現象。

正常的普里昂蛋白質，是使用前端的三分之一與蛋白質 X 進行相互作用。其餘的三分之二則用來與其他的蛋白質 Y 相互作用。也就是說，普里昂蛋白質的功能是在神經細胞膜上連接蛋白質 X 與蛋白質 Y。此時伴隨著神經活動的資訊傳達，流程為 X→普里昂蛋白質→Y。

資訊傳達途徑形成之發育過程中的某一時期，如果普里昂蛋白質完全不存在的話，X 與 Y 的連鎖就不會成立。蛋白質 Y 無法得到同伴的孤立狀況，對動態平衡系統會發揮 SOS 信號的功能，而要求使用援助系統。於是平衡系統產生適應性的反應，建立某種迂迴路徑，例如X↓A↓C↓Y的代替性結構。普里昂剔除鼠就是在這種支援之下以健康的形態出生。

但是，少了前三分之一的普里昂蛋白質，雖然無法與蛋白質X結合，還是能與蛋白質Y完美結合。Y擬似有同伴分子存在，於是請求支援系統發揮作用的SOS訊號就不會發出，而且資訊傳達路徑在毫不知情的狀況下也就建立起複雜的網絡。

不久之後，幼鼠誕生，遭遇未知的環境。腦部的神經活動逐漸旺盛，形成新的突觸。或許從蛋白質X到蛋白質Y的資訊傳達，就是與腦部的發育相關而且必要的功能。這種矛盾在老鼠出生後慢慢出現，而非立即出現。應作為X與Y之橋樑的普里昂蛋白質，未傳達X的資訊，就與Y結合。這就像將扭曲的硬幣投入現金辨識裝置般，一定會導致機器停頓。這種後果會使自動販賣機的功能發生致命性的停止。

解不開的折紙

櫸木非常美麗。長期待在關西的我，回到東京看到各地公園和住家的櫸木，才知道這是為了增添東京冬季特色而做的重要設計。筆直的樹幹，像卜卦者用的竹籤般散開排列，枝椏向外伸出，越到盡頭處越細。從遠處望，樹枝與樹枝前端連結而成的面像優美的頂蓋。

櫸木每一棵形狀都不相同。它的樹枝只能選擇一個位置，一旦長出後就無法重新生長，也無法折返。櫸木內部進行的細胞分裂與網絡擴大，亦即它動態平衡的行為，隨著時間而流動，而且是一次性的。

搭乘智慧型大樓精密控制的升降梯，只感覺到最小的震動和微弱的加速，我們有時甚至不知道在上升還是在下降。名為時間的交通工具，寧靜而平等的載運所有的搭乘者，讓人不覺得被它搭載，也不覺得它的活動是不可逆的。

前面提到因為基因剔除或基因嵌入而引起的所有現象，也都以時間函數的形態發生。

被剔除的分子，並非從已完成的身體中拔除，而是順著時間，在組成過程中的某個瞬間，偶然未被製造出來。嵌入的不完全分子，也不是在整體完成之後再將部分切除，同樣是在時間軸上的某個時點出現，然後被組合進入之後的相互作用中。

由基因的產物──蛋白質交織而成的網絡，是依形狀的互補性織出，或許將它比喻為將各個角折疊而成的折紙，比樹枝的延伸更適合。

在時間軸的某一點，原應製造出的分子沒有製造出來，結果導致形狀的互補性無法成立，折紙就會避開原定的作業，在稍微偏離之處找尋新折線，尋求下一個形狀。如此形成的新形狀雖與預定不同，但整體仍能保持平衡狀態。如果在該時點未察覺形狀的互補性不能成立，繼續折疊而成的折紙，折線的扭曲不久後就可能使整體出現不安定的狀態。

機械的生產沒有時間這個概念。原理上從哪個部位開始製造都可以，完成之後也可以取出或交換零件。它沒有不能重新製造的一次性，機械的內部也沒有所謂時間這種折疊後就無法打開的東西。

生物卻有時間。不可逆的時間不停的在它內部流動，因此生物有如沿著時間來折疊，一旦完成後就無法再打開的折紙。如果要問生命是什麼，就可以這樣回答。

今天在我們眼前的ＧＰ２剔除鼠，在飼育箱中專心的吃著飼料。但這裡顯現的正常性，並不表示基因缺損沒有帶來任何影響。也就是說，ＧＰ２並不是無用之物。或許ＧＰ２對細胞膜具有重要的功能。現在所看到的，是名為生命的動態平衡從某個時點以後，巧妙的彌補了ＧＰ２的缺損後的結果。「正常」就是對缺損的各種反應與適應的連鎖，換言之，就是反應所製造出的另一種平衡。

我們對缺少了一個基因的老鼠沒有發生任何異常，不應感到失望，而應該覺得驚訝，應感嘆動態平衡所具有的強大適應力和復原力。

結果，我們明白了，機械性的、操作性的處理生命是不可能的。

後記

除了跪在自然的潮流之前，什麼都不該做

我就讀小學低年級時，因為擔任公務員的父親抽中了新建的宿舍，全家從東京市區搬到千葉縣的松戶市。它位在東京都東部的江戶川對岸。那是一九六〇年代後半的事，以東京圈而言，當時的松戶市仍給人鄉下的印象，更正確的說，是開發中的市郊住宅區。

為什麼要提這段往事？原因是最近有一件事讓我想起了當時的情景。應NHK電視台的邀請，我赴畢業的小學進行課外教學的錄影。暌違三十五年後，我再度來到松戶的母校，勾起了許多幾乎忘掉的記憶。

現在當地興建了車站大樓，周邊也規畫得非常整齊，我記憶中低矮商店並列的景象已經消失。周圍高層公寓林立，短期大學和普通大學也擴大了

校地，但是，距離車站不遠的台地上，公務員住宅和鄰近的公園依然保持著原狀。我來到以前居住的宿舍前，想到不知現在誰住在這裡，感覺相當奇妙。停車場、自行車停放處、機房、小廣場等都仍一如往昔。

其中，最能將我帶回過去的是樹木。住家前的櫻花樹、通往小學的道路兩旁排列的樟樹、公園入口兩側的一對銀杏，雖然樹幹變粗了，但是都與記憶中相同。在過去數十年間，這些樹木一直在原地生長。

• • •

我還記得搬家那一天，新居中堆滿了家具和行李，父親和我決定到附近的商店買麵包，就在外頭野餐。離宿舍不遠的地方，有一處很少人去的空曠地方。那是個廢墟，到處是殘破的建築。鋼筋從斷垣中露出，混著碎石的混凝土老舊不堪。雖然景象奇特，不過卻能清楚的環視周遭。

我們找到一塊光線很好的大混凝土塊，在上面吃我們的中餐。舒服的春風吹拂著大地。

後來我才知道，這塊視野遼闊的台地上，在一九四五年日本戰敗之前是陸軍的工兵學校。戰後一直閒置，後來才慢慢開發，興建了公務員宿舍、法院、學校、公園等設施。

也就是說，這一帶不但在地理上是東京與市郊連接的界面，在時間上，也是戰後與戰前連接的界面。所謂界面，就是兩個不同的事物遭遇，引起相互作用的場所。

決定搬家時，其實我並不想搬，因為我喜歡原來居住的東京練馬區。現在回想起來，當時的練馬區仍到處是田地，飼養著家禽的農家分散在各處，這意味著當地與松戶市幾乎沒有什麼不同，但是我卻非常喜愛這個位於東武東上線旁的小城市。

不過在界面發生作用之前，這個小小的感傷很快就消失了。因為從第二天起，松戶就變成了我們少年眼中的仙境。

我們在各處都發現了時間停頓的片斷。入口被茅草擋住的陰暗防空壕，我們走下令人害怕的階梯，想一窺裡面的狀況。但是積水的地下走廊一片漆黑，什麼也看不見。

連接台地與車站的狹窄階梯道旁的崖邊，有一個用很厚的混凝土建成的倉庫，並設有三道堅固的鐵門。用手一拉，意外的，鐵門緩緩打開，裡面設有棚架，上面排列著雙手可以環抱的青色大玻璃瓶，瓶身上寫著三氯甲烷。不過打開瓶栓，裡面卻是空的。我查出三氯甲烷是一種麻醉藥，但百思不得其解它到底是做什麼用的。

緊鄰小學，有一座廢棄的木造建築，我們很快發現它周圍的鐵絲網有一處缺口，留下曾經有人通過的痕跡。我們從這裡鑽入，由打破的玻璃窗向內望，看到陰暗的走廊上蒙著厚厚的灰塵。這裡可能也是工兵學校校舍的一部分。建築物前方有一個被長草包圍的方形水面，看起來像是蓄水池或游泳池，但不知道綠色的水有多深。我們曾試著用竹竿來測量水深，但竹竿碰不到水底。

我們經常來到這個秘密場所。綠蜻蜓擦著水面飛行，或許池裡有魚，偶爾可以看到釣客進來釣魚。初春時，無數的蝌蚪聚集至水邊。不可思議的是，水從不混濁，也不會枯竭，水面上總是波光粼粼。

我們追尋水的去處，探查了蓄水池的另一側。水池的另一側有一個凹形缺口的水路，水從缺口流出，落入用方形石頭蓋子蓋著的井裡。有一個人從縫隙向井裡望，然後發出叫聲，我們一齊湊過去。正上方的太陽光射入井內，可以看見井底，裡面有數不清的青蛙在蠕動著，有大有小。每年在蓄水池中孵出的蝌蚪，就這樣跨越世代在這裡集結。

每個季節、每一天都有令人驚訝的發現。

•
•
•

青帶鳳蝶是一種小型鳳蝶，黑絨底的翅膀上，方形的斑點整齊的縱向排列著，斑點的色彩呈透明而鮮艷的薄荷綠。

青帶鳳蝶最喜歡的樹木，就是與牠的翅膀顏色相似的樟樹。青帶鳳蝶在樟樹的葉子上產卵，孵化的幼蟲啃食帶有香味的葉子成長。幼蟲的姿態相當高傲，似乎不與其他螟蛉或毛蟲為伍。牠們有著與樟樹相同的綠色，以優美的曲線迅速移動。經過數個星期，幼蟲充分攝取了樟樹的葉子後變成蛹。蛹同樣為鮮艷的綠色，而且形狀美麗，就像義大利的設計師創作出的新穎造形。

蛹藉著細而牢固的透明絲線附著在樟樹葉子的背後。牠的顏色和葉子相同，不仔細找尋很難發現。

到小學上課的途中，沿著短期大學的校地種了許多樟樹，青帶鳳蝶就穿梭在樟樹之間飛舞。放假的日子，我常一棵一棵的找尋青帶鳳蝶的蛹。意外的是，蛹常附著在很低的位置。發現了蛹時，令人感到興奮無比。

不知不覺間，我成為尋找蛹達人。我將附著了蛹的樹枝折下帶回家，插在花瓶中每天觀察。像綠寶石般的蛹，隨著時間慢慢變化。殼逐漸變薄，可以隱約看見內部，裡面複雜的圖案也漸漸浮現。這就是從幼蟲變成蝴蝶的過程，是極為戲劇性的變化。這一切都是在這小小的蛹內進行。

經過大約兩個星期，羽化的一天終於到來。蛹的背部裂開，蝴蝶出現在眼前。這時的蝴蝶仍像潮濕的線頭般雜亂，不斷的擺動腳和觸角，緊抱著蛹的殼。不久之後，當一條一條的翅脈充滿了生命後，青色的斑點就會在黑底的翅膀上排成一直線。青帶鳳蝶這時才真正誕生。蝴蝶的翅膀開合了兩三次後，下一個瞬間突然飛向空中。看似不穩，但蝴蝶越飛越高，很快的從視線中消失。

• • •

青帶鳳蝶的產卵和羽化，從初春到秋天會重複多次。我不厭煩的繼續收集蛹，等待牠羽化的瞬間。只有秋天最後出生的幼蟲在當年不會成為蝴蝶。這些幼蟲充分攝取了樟樹的葉子後，保持蛹的形態度過冬天，在第二年春天才成為新的生命。

我想看青帶鳳蝶初春時的可愛模樣，因此在秋末採集牠的蛹，裝在盒子裡，收藏在貯藏室的安全地方。不久之後，冬天來臨。我的生活沒有太大的變化，與朋友遊玩、念書、上學，結果將青帶鳳蝶的事完全忘記。

到了春天，新的學期開始，重新分班後認識了新朋友。氣溫漸漸升高，告訴人們夏天已近。短期大學校園裡的樟樹枝葉茂盛，又到了青帶鳳蝶飛舞的季節。我這時候才想起來自己收藏了許多蛹。

那一瞬間，我已記不得是多久以前的事。應該是前一年的秋天，當時我小心翼翼的將一顆顆翡翠般的青帶鳳蝶的蛹放入盒子，然後收藏在貯藏室中。我屈指一數，已過了七個月。經過那麼久的時間，牠們應該已不再是蛹了。

我站在貯藏室放置盒子的位置前，稍稍的將盒子拉到面前。裡面沒有任何動靜，也沒有聲音，我將盒子拿到有光線的地方。

十幾個蛹都已經羽化。羽化的青帶鳳蝶，有些纖細的腳連在盒子上部，有些則疊在盒子底部。牠們的翅膀都已打開，沒有任何損傷的完全乾燥。所有的蝴蝶栩栩如生，翅膀完美的保存著牠們鮮艷的色彩。

• • •

都市化的界面不斷的向前推進，伴隨它的時間界面也被溶解、塗改。工兵學校的廢墟很快就變成公園的花壇，防空壕的位置已不知在哪裡。公園的入口處，僅留下工兵學校的磚造門柱和守衛亭作為記憶。

門的兩側有一對高大的雌雄銀杏樹，這可能是陸軍工兵學校設置時種植的。到了秋天時，葉子變成鮮黃色的這對銀杏樹，若仔細觀察，可以發現兩棵樹的樹枝形態明顯不同，葉子完全掉光的速度也有差異，而且只有一棵銀杏樹會結出果實。這也是我們的發現之一。

原來青蛙棲息的蓄水池也在一天之內就被填平。我們在小學的樓上望見推土機和卡車進進出出，變成乾地的這塊地方，很快改建成大藏省的關稅研究所。每次上下課時看到它的新牌匾，我就好奇建築裡到底在進行什麼樣的「研究」，並回想起原來在這裡的夢幻水池。

此次再度造訪松戶市時，研究所已不見蹤跡，這裡再度改建，告示牌上寫著將建設為大學。早期，這裡原是波光粼粼的綠色水面，裡面存在著無數的生命。到了今天，只有我知道這件事。

・・・

有一天，我在住宅盡頭處的樹叢下面發現一小顆白色的橢圓形蛋。這是蜥蜴的蛋，由於這一帶經常有蜥蜴出沒，因此我立即知道它是什麼動物的蛋。

我小心的將它帶回家，放在鋪了土的小盒子裡每天觀察。為了防止過度乾燥，我經常用噴霧器噴灑水分。但是等了幾天一點動靜也沒有。當時我並不知道蜥蜴的蛋孵化時間依季節而異，有時需要兩個月以上。

少年的心是急躁的。我等不及蛋孵化，決定在蛋上開一個小孔來看看內部的情形。我想如果內部還「活著」，再把殼封起來就好。於是我用準備好的針，小心的將殼打開一個方形的孔。結果如何？裡面有一隻腹部抱著蛋黃的小蜥蜴，加上不成比例的大頭，身體蜷成圓形，靜靜的睡著。

我立即察覺到我看了不該看的東西，很快將孔封起來。但不久之後，我就領悟到自己的行為已無法挽回。即使用黏膠將孔封閉，但是生存在裡面的小蜥蜴一旦與外界空氣接觸，就無法再如原來般發育。果然，小蜥蜴慢慢開始腐爛，失去應有的形狀。

這個經驗讓我痛苦了很長一段時間，並留在記憶裡。對我而言，這確實是一大震撼。在成為生物學者的今天，或許也成為存於內心深處的一種達觀的心態。

• • •

名為生命的動態平衡，在任何一個瞬間都維持著戰戰兢兢的平衡，同時在時間軸上單向前進。它是不可逆的，而且在任何瞬間都是已完成的結構。

如果介入了會使它混亂的操作，動態平衡就會受到無法挽救的傷害。即使表面上看起來沒有明顯的變化，只不過是因為這種動態的結構是平順的、柔軟的，暫時吸收了這項操作而已。但它還是會出現某種變形，或是受到某種傷害。生命與環境的相互作用是只能折疊一次的折紙，介入性的操作無異是將這種一次性的運動引導至相異的歧路。

我們除了跪在自然的潮流之前，或是單純的記述生命的形態之外，什麼都不應該做。老實說，從一個少年每天的生活已看得非常清楚。

有方之思003

生物與非生物之間
——————所謂生命，究竟是什麼？一位生物科學家對生命之美的15個追問與思索

作者　福岡伸一｜**譯者**　劉滌昭｜**社長**　余宜芳｜**副總編輯**　李宜芬｜**特約企劃**　林貞嫻｜**封面暨內頁設計**　賴佳穎｜**出版者**　有方文化有限公司／23445 新北市永和區永和路 1 段 156 號 11 樓之 2　**電話**—(02)2366-0845　**傳真**—(02)2366-1623｜**總經銷**　時報文化出版企業股份有限公司／33343 桃園市龜山區萬壽路 2 段 351 號　**電話**—(02)2306-6842｜**印製**　中原造像股份有限公司——初版一刷 2019 年 12 月 20 日｜**定價**　新台幣 320 元｜

ISBN：978-986-97921-2-7

生物與非生物之間：所謂生命，究竟是什麼？一位生物科學家對生命之美的 15 個追問與思索 / 福岡伸一著；劉滌昭譯 .
-- 初版 . -- 新北市：有方文化，2019.12
面；　公分 . -- (有方之思；3)
譯自：生物と無生物のあいだ
ISBN 978-986-97921-2-7(平裝)

1. 生命科學

360　　108019544